天下 雜誌出版
CommonWealth
Mag. Publishing

峰值體驗

增量／存量雙增長的戰略思維
實現商業效益指數型躍進的關鍵洞察與落地

2

汪志謙、朱海蓓────著

目錄

推薦序	組織成功的真正關鍵：洞察與落地 **葉丙成**	8
推薦序	經營 B2B 品牌， 必須有 B2B2C 的服務思維 **蔡惠卿**	13
推薦序	峰值體驗再升級的破框之旅 **沈方正**	18
作者序	勝率更高的確定性算法	22

Part 1　品牌戰略

第 1 章
增量／存量雙增長的戰略思維　　30

- 巨型企業再進擊！每月三億活躍用戶如何繼續成長？
- 存量的倖存者偏差，增量的首單即終單
- 黑巧太苦，非黑巧又記不住，該怎麼往下走？！
- 第一性思維，打開黑巧克力的全新賽道
- 視角決定戰場有多大，底層邏輯決定視野有多寬廣
- 百億企業連續做對 11 件事，轉化率從 33% 到 86%！
- 弄清楚 300 才有選項，弄清楚 290 才是行業頂尖
- 洞察，是要找到做哪些事，它會大增長而且還不複雜

第 2 章
關鍵底層邏輯：第一性原理　　54

- 用第一性思維去洞察人、貨、場
- TA 跟產品要雙向貼標，不同權重才能精準預測
- 消費者要的是交付，而不是服務
- 標籤要來自第一性的「人、貨、場」思維
- 馬斯洛動機七情層層疊加，才是大賽道

- 消費者十裝
- 增量用情緒場景啟動，存量要讓消費者裝起來

第 3 章
洞察，讓企業有所選擇　　81

- 系統一和系統二，幫助你洞察出六種不同消費者
- 四個「沒有」，是四大維度的最大障礙
- 進店率，最怕「沒有印記」
- 風吹印記拉增量，進店要吹六種風
- 進店的十大印記
- 轉化率，最怕「沒有透傳」
- 轉化的十大障礙
- 首單體驗六問
- 複購率，最怕「沒有差異」
- 複購的十個值了時刻
- 推薦率，最怕「沒有故事」
- 如何利用洞察，挖出 300 個關鍵時刻 MOT？
- 洞察 i 畫布

第 4 章
做品牌就是要把自己變成錨　　130

- 落地解碼，植入人心；「錨」是一切事物參照點
- 錨 + 促發效應 = 快速進入心智
- 十五錨加速決策，「人、貨、場」各有各的錨
- 品牌聯名：以錨破圈，進入增量市場

Part 2 三大變量

第 5 章
三大變量之一：選對人　　　140

- 再買 234：BTA 一買再買的產品佈局
- BTA 九宮格，找到你的大傳播者
- 名利雙收、人財兩得的 TA 戰略思維
- 韭菜的五大產區
- 三破：破圈、破壞、破局
- 選對人，就兩件事

第 6 章
三大變量之二：做對事　　　156

- 選 MOT 的思維概念
- 選擇 MOT 的十個原則
- 確保最重要的事，是最重要的事
- 品牌輪藍圖：金榜與黑榜
- 魯拉帕路薩效應

第 7 章
三大變量之三：說對話　　　181

- 選擇品牌訊息的五個思維
- 信息論 (資訊理論)：高熵訊息、高信息增益

- 深層處理植入心智，淺層處理啟動注意力
- 四維度挑三訊息：品牌詞破圈；品類詞入行
- 辨識度
- 選擇品牌訊息的八個原則
- 讓品牌魂體合一

Part 3 落地變現

第 8 章
找到你的美，放大你的美；植入心智，產生行為　　198

- 洞察就是找到你的美，落地就是放大你的美
- 體驗設計兩件事：植入心智，產生行為

第 9 章
產品畫布與十二個 MOTX 落地點　　205

- 產品畫布：吸睛、流量、利潤、經典產品
- 如何做出峰值體驗 MOTX 的十二個落地點？
- 進店維度的 MOTX
- 轉化維度的 MOTX｜訂製家具索菲亞
- 複購維度的 MOTX｜Curves 可爾姿女性健身房
- 推薦維度的 MOTX
- 篝火與小麥，韭菜與人蔘

第 10 章
落地的戰略模型：X3 畫布　　　　234
- 第三版 X 畫布
- X 畫布解讀

第 11 章
企業實戰：　　　　245
洞察 i 畫布 + 落地 X3 畫布
- SO NICE 都會時尚女裝：洞察 i 畫布
- 打造爆款美白冰紗衣：落地 X3 畫布
- cama café 現烘咖啡專門店：洞察 i 畫布
- 高熵＋高信息增益組合拳：落地 X3 畫布

Part 4　兩大專章

第 12 章
企業專章：　　　　276
B2B 品牌的關鍵時刻
- B2B 的第一性：高效、省錢、出結果、能複製
- B2B 的十個值了
- B2B 的底層邏輯：三複四效與品牌三大變量
- 四效：分發效率、算法效率、迭代效率、人才效率
- B2B 的五個洞察主體

- B2B 在四大維度的五種角色
- B2B 的洞察 i 畫布
- B2B 的十個關鍵時刻 MOT
- B2B 交付時的八件事

第 13 章
線上專章：關鍵時刻在線上　　315
- 線上六大誤區
- 洞察｜線上進店八問
- 洞察｜線上轉化八問
- 落地｜線上進店八招
- 落地｜線上轉化八招

第 14 章
MOTX 峰值引擎　　337
- MOT 是一把手工程
- 落地六件事
- 打造 MOTX 峰值體驗團隊

結語

推薦序

組織成功的真正關鍵：
洞察與落地

葉丙成 臺灣大學電機工程學系教授

幾個月前，我有幸去上一位老師的課。上課前，我聽說許多大企業都曾跟他取經，請他為企業訂品牌成長策略，許多企業因他而脫胎換骨。我很好奇這位老師到底有多厲害？

到了上課現場，我看到《天下雜誌》執行長吳婉瑜、Dcard 創辦人林裕欽、Gogoro 總經理、SO NICE 總經理、林明樟老師等多位知名企業的掌舵者，都帶著他們的高階主管，花了整整兩天來上這位老師的課。我開始覺得，這位老師應該真的不簡單！

這位老師，就是以品牌和企業成長策略諮詢而知名的汪志謙老師。

那兩天的課程，非常精彩。許多案例和精彩論述，不斷打破學員常有的迷思跟盲點；汪老師精心設計的重要概念金句，幫助大家在腦中烙下深刻的印象。課程雖然很燒腦，卻又讓學員在打通觀念的任督二脈之後，很有成就感。

政策的「洞察」和「落地」

課程中，汪老師特別強調公司策略的「洞察」和「落地」。當我們制定策略時，不能有「路徑依賴」，也不能有「倖存者偏差」的思維。依循過去想當然耳的經驗來制定策略很容易有問題。因為時空改變，過去有效的策略，現在和未來不見得有用。

另外，很多公司把力氣跟資源，花在自以為重要但其實消費者覺得很不重要的地方，反而忽略了真正重要的關鍵點。這種「洞察」是訂策略的人最重要的事。對此，汪老師發展了一系列的方法論，讓企業領導團隊很有效地做「洞察」和「落地」。

那天在現場，當汪老師不斷地問學員們：

「你們有沒有把力氣都花在錯誤的點上？」

「你們有沒有研究過真正的關鍵時刻是什麼？」

「你們真的知道使用者／消費者的心理是什麼嗎？」
「怎麼做才能讓人家來你的店？」
「要如何讓買家一買再買、還變成你們的推薦者？」

這些問題聽起來好像都是跟企業有關，但在我耳中，每一句都是靈魂拷問。

――檢視教育部的政策規劃，我們有沒有路徑依賴？是不是都把力氣都花在錯誤的點上？有沒有研究過真正的關鍵時刻是什麼？我們真的知道所有利害關係人（師生、家長、企業……）的心理是什麼嗎？政策要怎麼做才能讓民眾願意採用？如何讓利害關係人變成政策的推薦者？

這些思維對於政策制定者真的太重要了，如果教育部的文官夥伴和大學校長們能接受這些觀念的洗禮，教育政策的品質，還有因少子化而面臨嚴峻挑戰的高教體系，才有機會做出新的景象。

於是，在兩天的課程結束後，我很厚顏地跟汪老師請託，是否能為教育部辦一堂專場？讓教育部百位文官和20位大學校長，有機會被汪老師「震撼教育」一下。

沒想到，汪老師非常阿莎力地同意了。他說，能為教育盡一份力，是他很願意做的事。汪老師的企業專場課程

費用相當高,而且很熱門,兩岸企業都在搶他的時間。沒想到汪老師特別幫我們保留了時段,還跟我說這是他的公益付出,完全免費。我真的無法用言語形容當下的感激與感動,一想到同仁們能上到汪老師的課,我內心也是無比地興奮!

將企業策略帶入政策制定

教育部的所有司署長、專委、科長們,還有 20 位我們在各項業務所倚重的大學校長們,經歷四小時不間斷燒腦的洗禮,我收到許多同仁的迴響,感謝汪老師的課幫助大家打破許多擬定政策時的盲點,也讓大家更進一步思考要讓政策落地實行,有哪些面向需要預先思考,才能制定真正能有成效、有品質的教育政策。

在這瞬息萬變的時代下,把企業策略的思維與觀點,帶入政策制定和大學營運的規劃中,我認為這是很重要的一步。所以課程結束時,我也提醒大家:政府部門訂政策,跟企業訂策略,並沒有大家想像的那麼不同。

例如,政府推動企業和大學合作設立專班,招收海外優秀學生來台就讀,企業對教育部來說,就像消費者一樣,

為什麼企業願意付錢開設專班？我們要如何讓企業願意一再加入，還願意推薦給其他企業？另外，海外國家的優秀學生，要怎麼做才能讓他們對台灣的高教有興趣？如何形成口碑效應，讓他們跟自己國家的學弟妹推薦來台灣就讀？或是，我們要怎麼打造台灣高教在海外的品牌策略？

這一切的思考，其實都跟企業打造品牌的思維很像。期待文官同仁們能常有這樣的思考，才能定出真正有成效的政策。

真心感謝汪志謙老師的無私付出，我們會在教育政策的制定上更加用心努力！對於也想向汪老師學習的朋友，推薦汪老師的新書《峰值體驗2》，相信這本書也會對你有不同的啟發！

推薦序

經營 B2B 品牌，
必須有 B2B2C 的服務思維

蔡惠卿　上銀科技股份有限公司總經理
台灣精品品牌協會第 12 任理事長

　　上銀科技以「HIWIN」自有品牌行銷全球，已連續四年蟬聯台灣國際品牌前 25 強。不同於台灣製造業多數從代工起家，創辦人卓永財在 1989 年創業之初，就已經下定決心要耕耘自有品牌；「HIWIN」的品牌信念就是取自 HI-TECH WINNER 的縮寫，既是自我期許為高科技贏家，也希望幫助客戶成為該領域的贏家。

　　然而，要成就這個品牌並不容易。當年在台灣經濟起飛的年代，台灣廠商主要以代工為主，很少人願意投入資金深耕自有品牌。上銀是以生產精密設備中的關鍵零組件為主，利基產品是滾珠螺桿和線性滑軌，在精密機械領域裡，一向是由德、日兩大工業強國主導。

B2B 品牌著重的是交付

當年上銀自創「HIWIN」品牌，可說是業界創舉。

以台灣品牌搶進國際市場，原本難度就很高，再加上「HIWIN」是一個 B2B 品牌，業內人士在乎的是技術、品質和成本競爭力，在這樣的情況下，要如何做到品牌溢價（附加價值）呢？這條路，我們一路摸索、建構了 35 年。

為了建立客戶對上銀品質的信任度，我們採取「售前服務」模式與「創新試用」策略，吸引客戶嘗試「HIWIN」產品，尤其是新系列產品。在客戶購買產品之前，便由上銀資深工程師與客戶端工程師互動，瞭解終端消費者的應用情境（B2B2C），再推薦最適合的產品給客戶，或提供客製化的整體解決方案（Total Solution）。

在此同時，資深工程師的規劃也需將客戶日後如何精進自動化製程納入考量，讓產品在產業應用上的穩定性與彈性，能切合直接客戶與終端客戶需求，並節省供需雙方的成本。

原來我們這麼做，就是《峰值體驗 2》這本新書裡所說的，「客戶要的不是服務，而是交付」。

以高熵訊息走進大眾心中

另一方面,我們也希望拉近 B2B 品牌和終端消費者的距離,把原本只在精密機械業界被熟知的「HIWIN」,推向一般大眾的心中,創造出更高的品牌地位與價值。於是在公開場合自我介紹,我們的開場白就是:「上銀科技貫穿了人類的生老病死和食衣住行!」

怎麼說呢?因為從人工受精的精密儀器(生)、復健機器人(老)、心臟輔助器測試設備(病),到棺木搬運車(死),以及飲料充填自動化設備(食)、精密紡織機(衣)、氣密窗製造(住),到捷運車門定位(行),都會用到上銀所生產的滾珠螺桿和線性滑軌,才能發揮傳動控制與精準定位的功能。

原來這樣的公司簡介,就是《峰值體驗 2》裡所說的「高熵訊息」。

佈局下一個藍海,打造再買 234

當滾珠螺桿和線性滑軌,兩項主力產品成為獲利關鍵之後,我們開始佈局下一個藍海──智動化與機器人領

域,希望讓上銀科技從「關鍵零組件」,走向「次系統」、「系統件」到「整機」。例如:因應智慧製造的智慧型滾珠螺桿、智慧型線性滑軌,由核心技術延伸的下肢肌力訓練等醫療用機器人,以及結合光學、資通訊和軟體設計等高端技術的工業用機器人。

現在 HIWIN 是台灣少數具有機電整合實力的製造廠,在半導體與 AI 成為熱門顯學之際,HIWIN 產品也都參與其中,可以說:HIWIN 已讓台灣精密工業在全球版圖佔有一席之地。

原來這樣的研發進程,就是《峰值體驗 2》中所說的「再買 234」——讓 BTA(Brand Target Audience)一買再買的產品佈局。

「HIWIN」是上銀科技以「十年磨一劍」的決心和持續創新所經營的成果,一路走來,沒有學習典範,沒有人告訴我們該怎麼做,只能靠著使命感與勇氣不斷地「探索」,才能走到現在。閱讀這本《峰值體驗 2》後,發現書中整理出來的底層邏輯,不只釐清了 B2C 品牌經營的誤區與盲區,也同樣適用於 B2B 品牌。

更令人欣喜的是,作者汪志謙老師在《峰值體驗 2》中特別增加第 12 章「企業專章」,點出 B2B 品牌的第一

性原理——企業要的是解決問題,所以不能只是洞察客戶本身,更要洞察的是這家企業在服務什麼樣的顧客。這和我們經營「HIWIN」的想法不謀而合,工程師一定要瞭解客戶的客戶怎麼使用機台,才能做好「售前服務」,而這也已經變成上銀科技的 DNA 了。

如同書中強調,若不瞭解客戶的動機和情緒,就只是銷售貨物而已,最後怎麼可能不紅海?希望有更多讀者透過「峰值體驗」重新認識經營品牌的認知;也期待有更多經營 B2B 品牌的企業,閱讀《峰值體驗 2》這本書後,能夠內化為 B2B2C(Customer)的服務思維與組織能量。

在此也鼓勵大家手攜手,共同推動更多的台灣品牌,在世界舞台上發光發亮!

推薦序

峰值體驗再升級的破框之旅

沈方正 老爺酒店集團執行長
礁溪老爺酒店董事長

和汪志謙老師的第一次「空中相會」，是在新冠疫情期間。

當時飯店業面臨極其嚴峻的挑戰，很多飯店撐不住被迫關門，沒有關門的飯店，最極端的也只留下 15% 到 20% 的人力。雖然老爺酒店集團在疫情期間完全沒有裁員，也沒有減薪，但是那三年對我們也真的是一個大災難——有人沒錢賺，錢來不夠人。

在那三年內，我們除了努力維持營運，也意識到因應外部環境的瞬息萬變，同仁們需要更靈活的思考。我們開始組織定期的讀書會，而《峰值體驗》就是當時團隊一起閱讀的重要書籍。

「峰值體驗」是一門跨足心理學、服務設計、空間設計和行為經濟學等多領域的綜合實踐，透過服務設計為顧客創造美好的第一印象（最初）、難忘的高峰時刻（最高）與愉快的結束體驗（最終），汪老師將之稱為三個「黃金時刻」。

　　汪老師強調，更重要的是，這三個黃金時刻能否打破劇本，創造連顧客都想不到的驚喜！

突破框架，持續在生活中創造峰值

　　受到啟發，我們也開始突破自己，希望為顧客創造驚喜。於是，從 2022 年起我們推出了兼具人文與趣味的「老爺式旅行」，開啟新型態的飯店旅遊，提供旅客超乎想像的「破框之旅」。

　　隨著飯店業在疫情後復甦，「老爺式行旅」也提升到一個新層次。今年，有別於傳統飯店旅遊的 SPA 及美食體驗，我們融合了潛水、狩獵、歌仔戲曲等主題，設計出八條冒險路線，陪伴旅人們跨出想像的第一步，勇敢探索未知。在這一趟「破框之旅」中，你可以探索東北角壯麗的海底世界，完成人生的第一張潛水證照；也可以跟著魯凱

族獵人,沿途採集可食用野菜作為晚餐,深入森林山徑探險;更可以拜歌仔戲名角為師,從學習唱腔、身段等基本功,到實際粉墨登台,親身體驗這項傳統藝術的精髓。

我們希望這一趟「破框之旅」帶給旅人們的,不只是提供五星級的高檔旅宿、膳食和服務,更希望在旅途中陪伴每一位旅人突破固有的慣性,並將答案帶回到各自的日常,持續在生活中創造屬於你自己的峰值。

不斷迭代,實現體驗再升級的嚮往

就在我們努力突破原有的飯店旅遊模式之際,汪志謙老師的新書《峰值體驗2》上市了。汪老師在新書的作者自序中說,他最常問自己的就是,「這兩年來,你進步了嗎?」這也是我帶領團隊以來,每天都會問自己的問題。

可以看到在這本新書中,汪老師不藏私地公開了進化升級的思維模型,希望帶領讀者跳脫路徑依賴,打破原來認知的天花板,看清品牌經營的盲區與誤區;同時也藉由橫跨 B2B 和 B2C 市場的最新實戰案例,幫助企業真正做到洞察商機、落地變現。

我很喜歡《峰值體驗2》裡所說的三破:

面對消費者，要以「破圈」來找到增量市場；

面對競爭者，要「破壞」對手的優勢；

更重要的是，經營者要「破局」，從企業內部破掉那個已經固化的經營模式。因為走老路，到不了新天地！

是的，沿用原有模式，難以引起人們的內在共鳴。就像是人生的每個階段都不一樣，你不會總用同樣的邏輯和姿態去生活。所以，飯店旅遊當然也不應該僵固在精奢風格的 SPA 度假之旅，或是山珍海味的饕客行而已。

身為「峰值體驗」的實踐者，我們也期許自己以「三破」精神持續破框，就如同汪老師所說的——自我迭代、持續生長。

作者序

勝率更高的確定性算法

距離第一本《峰值體驗》書籍的出版，已經兩年了。

「這兩年來，你進步了嗎？」是我最常問自己的話。

這兩年我馬不停蹄，除了在政治大學 EMBA 以及政大企家班繼續開課，也在香港大學 EMBA 有兩個學程，2022 年還獲得了香港大學的傑出教師獎。除此之外，還做了一卡車的專案項目，有機會跟兩岸三地眾多有趣的靈魂交流學習，這是我感到「最值」的峰值體驗。

除了授課，我要求自己所建構的思維系統，其底層邏輯與模型必須要經過企業第一線實戰的檢驗，因此我特意接了各種不同垂直產業與電商、線上與線下企業，甚至是 B2B 的諮詢專案，為的就是打磨「峰值體驗」這個思維模型，將其底層邏輯變成框架；這些框架模型進入企業實操，過程中收穫的所有心得，也都成為回饋這個思維模型的迭代要素。

這本《峰值體驗 2》正是到 2024 年截稿為止，不斷快速升級的閉環系統的心得小結。

與頂尖品牌交流，
是深刻的養分

真心感謝一路以來各企業的實踐與協作，包括快時尚指標女裝品牌 SO NICE、cama café 咖碼咖啡、時尚女鞋首選品牌 D+AF、知識衛星、Curves 可爾姿女性健身房、設計家具品牌 MR.LIVING 居家先生、飾品品牌 vacanza 等，還有中國第一大知識付費平台喜馬拉雅 App、天貓內衣品類長年霸榜王者 ubras、美國 Amazon 吸奶器第一品牌、月營收超過美金 1,600 萬元的 Momcozy、中國全網電動牙刷銷售額第一 usmile（2023 上半年資料）、黑巧克力第一品牌每日黑巧、萌獸醫院、德施曼智能鎖、燕之屋等等。有機會跟這些頂尖的優秀品牌交流學習、衝撞成長，得以窺見很多偉大企業的智慧與躍進，是這本書的深刻養分。

實戰成果的落地增長，是我寫《峰2》的動力。我不斷地看到各個不同領域在應用落地後，產生巨大的商業成長，我想分享這一切是怎麼做到的。

說來也巧，《峰1》出版期間正值疫情席捲全球，而這本《峰2》出版時，人工智慧 AI 正帶動世界進行翻天覆地的發展，這都是改變人類歷史、奇點等級的關鍵時刻。

底層邏輯、建模、實操、修正、迭代，打造峰值模型

一場疫情徹底改變了市場面貌，從消費行為、組織運作到商業模式，一夕之間全面數位化。就這兩三年間，誰沒有遠距上班、在家工作過呢？手機叫外賣、使用視訊會議、網路上課，都已經成為毫不稀奇的日常。我們都見證了這個打破商業規律，直接跳級的真實過程。

2022 年 ChatGPT 橫空出世，引爆全球 AI 狂潮，你一用馬上會知道這將改變所有的事情。ChatGPT 這類自然語言生成模型，核心就是大量的雙向訓練，「輸入」和「輸出」兩邊的品質都必須同時提升。非常簡化地講，只要數據量足夠大，再加上演算法模型，質變就會出現。在全人類同時間不斷地大量使用的過程裡，演算法本質上的驚人成果已經出現。

在建構「峰值體驗」的思維體系時，我也在做一樣的

事：底層邏輯、建模、實操、修正、迭代。每次上完課，或者做完專案，再回頭迭代時，我的目的就是把這個模型變得愈來愈準確，愈來愈快速。我透過不斷地幫自己在大腦建立更多的節點（Node），再把這些節點連結起來，形成框架，進一步成立新的演算法。

愈多品牌洞察與落地的專案來挑戰，愈能讓我反覆修正模型與參數。我開始相信在這套思維體系下，更快速地指向確定性的答案，是可以做到的。

我常常被企業主詢問：「汪老師，你怎麼一下子就知道我們這個行業的祕密？你怎麼這麼快就知道我們的問題在哪裡？你做過這個行業嗎？」其實答案就是我所使用的思維體系。

「峰值體驗」這套體系、框架具備清晰的底層邏輯，又歷經眾多的企業實戰打磨，「輸入」和「輸出」兩邊訓練久了，所以當企業還在說明情況時，我腦海裡的節點就已經開始運用模型連接起來；我只需要補充企業背景資料，通常很快就能判斷問題在哪。這就是底層邏輯與演算法所提供的確定性。

我是個多元模型的愛好者。我最愛的查理蒙格（Charles Thomas Munger），還有《原則》這本書的作者

達利歐（Ray Dalio），他們都是多元模型的引領者。在這本書裡，你也將會看到非常多的底層邏輯、學說和理論，這些底層邏輯就是各種各樣的節點。

底層邏輯就是節點，
峰值體驗的框架就是演算法模型

上過《峰值體驗》線下大課的同學，最常講的就是資訊量實在龐大，非常震撼。過去，你可能都是單點學習過這些行銷知識，關鍵時刻 MOT、STP 分析、行為經濟學、心理學、信息論、腦科學……每套理論你好像都學過，但為什麼上了戰場，就是用不出來呢？

因為這些節點並未真正種進你的大腦。知道是知道了，但是並沒有用起來。一套理論你沒有去使用，就不會成為你的常用節點；不是常用節點，你想事情時就不容易去調動起來。再加上缺乏模型，就會想到了這個，卻又漏了那個；邏輯和邏輯之間彼此單獨存在，底層又沒有模型連結，在推導策略時就會斷裂。

物種演化，是「連續」和「隨機概率」的自然發展過程，若帶有突變的因子，碰上和環境相容，就能適者生存，

這跟物種本身的意願、想不想要這樣發展、沒有絕對相關。演化，取決於突變和巧合，基因在種群裡要耗費漫長的時間去傳遞。但進化不同，進化就是從簡單變複雜、低級到高級的過程。

消費者在變，大環境充滿競爭。現代消費者的「人、貨、場」已經大改，企業必須更加快速的迭代。只是，所有外顯的毫不費力，底層都是永無止盡的有夠努力。

《峰2》是一套企業可以主動選擇的進化方針，我們需要找到那些最大變量，再把變量組合起來，連續去做對它們，企業才會大增長。而在這本書裡，你將看到「第一性思維」的洞察與落地、商業底層的「三複四效」，以及四大框架模型、品牌三大變量（選對人、做對事、說對話）。期待這本書也能協助你，在品牌經營上建立一個能自我迭代、持續生長的模型。

祝福各位，找到自己的美，放大自己的美！

願所有人平安。

PART 1

品牌戰略

・增量／存量雙增長的戰略思維
・關鍵底層邏輯：第一性原理
・洞察，讓企業有所選擇
・做品牌就是要把自己變成錨

CHAPTER 1

增量／存量雙增長的戰略思維

　　喜馬拉雅 App，這個中國最大的線上音頻平台，是一個年營收超過人民幣 61.63 億元（約合新台幣 271 億元），每月活躍用戶數（MAU，Monthly active users）超過三億的超巨大平台。2023 年以線上音頻營收而言，喜馬拉雅就佔了中國線上音頻產業 25% 的市場佔有率，遠高於第二名的 13%[1]。

　　喜馬拉雅 App 在 2022 年找到真觀顧問，針對使用者的洞察進行了很深入的探討，這個消費者洞察研究一直持續到 2024 年。

---

1 資料來源：2024 年 4 月喜馬拉雅赴港 IPO 招股書

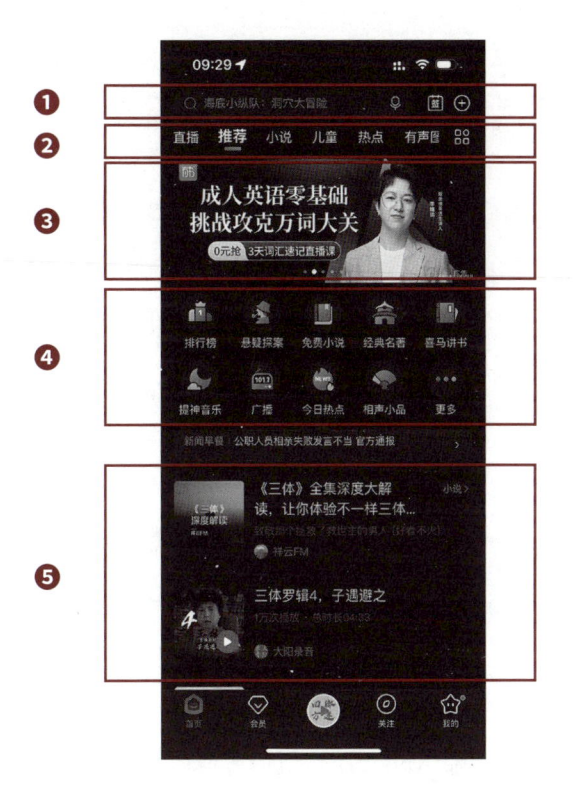

給大家看一下喜馬拉雅的首頁，每次課堂講到這邊，我就請大家來「洞察」一下：這個首頁的 12345 版位，你認為消費者點擊哪裡最多？哪裡最沒有人點？

你的答案，突顯了一個很重要的底層邏輯：你是用「增量思維」，還是「存量思維」回答？還是根本沒有思維，憑感覺亂答？

第 1 章 增量／存量雙增長的戰略思維　　31

巨型企業再進擊！
每月三億活躍用戶如何繼續成長？

　　這本書希望你用力記住的第一個重要概念，叫做「增量」與「存量」。在經濟學和市場策略領域中，增量、存量有其定義解釋，我就用我的大白話簡化一下，「增量」你可以理解為新市場、新客戶，也就是可能被激發的潛在市場機會的商業模式；「存量」就是已知的老客戶、現有客戶、既存市場的現有模式。

　　學習洞察的第一步，就是你用什麼視角在看世界。

　　我最常講的話就是，你看到幾種人，才能做到幾種人的生意。

　　以喜馬拉雅 App 這個例子來說，什麼叫增量？就是第一次使用喜馬拉雅 App 的人。什麼叫存量？每天都在用喜馬拉雅 App 的人。你認為這兩種人點擊首頁的地方會一樣嗎？當然不一樣。所以第一個視角就是要清楚知道自己是用增量，還是存量的邏輯去思考。

　　以喜馬拉雅 App 的規模，這個首頁的流量每天超過 300 萬次。業績要再成長，增加或改動服務，都牽涉首頁的調整，300 萬次造訪量這可不是件小事。

如果你沒有洞察，這四個題目就來了：

・你要改哪裡？

・哪裡要刪掉？

・想改成怎樣？

・這個修改是基於什麼邏輯？

我每次在課堂上問到 12345 版位哪個地方要改時，有人選 1，有人選 5，什麼答案都有人選，改的邏輯是什麼？不知道，講不出來。

就以圖上編號 3 版位來說，當我問大家首頁上哪版位最沒人點時，很多人都講是 3 號，為什麼？很明顯 3 號版位是廣告。既然消費者都不點，那我們就把 3 號刪掉？但如果你把 3 號刪掉，老闆就先把你刪掉。

要知道首頁上每一個位置，上面都是一個 BU（Business Unit，事業單位），移動一下可能就是幾億人民幣的生意，你換它的位置就是要 BU 的命。

當我去喜馬拉雅為這個專案做啟動會議的時候，創始人問我：「汪老師，你對我們有沒有什麼問題？」

我就只問了一題：「這個首頁的第一負責人是誰？」

創始人沉默了。

第 1 章　增量／存量雙增長的戰略思維　33

他把整個會議室的人都看了一輪，說：「這裡面的人跟首頁都有關係，好像都要負責，但實際上的確沒有第一負責人。」

這個例子是想讓大家感受一下，企業要繼續成長，如果不洞察，又沒有邏輯，就算你想改，內部認知不拉齊，利害關係人這麼多，根本什麼都動不了。最重要的事，就是要確保最重要的事，是最重要的人去做。大家常講既然這麼重要不然就請老闆自己負責，但老闆負責，就等於所有人負責，而所有人負責就是沒人負責。不開玩笑，很多公司弄到最後首頁第一負責人是小編，結果可想而知。

存量的倖存者偏差，
增量的首單即終單

「每日黑巧」是一家專注提供健康機能黑巧克力的中國新銳消費品牌，2019 年成立於上海。這個牌子的品牌命名很直觀，就是從黑巧克力這個品類切入，主打「健康、高膳食纖維」，在黑巧克力的成分、口感及製造工藝上很創新，是中國市場上第一個主打健康概念的巧克力品牌。

每日黑巧透過跨界聯名、明星代言、綜藝合作、時尚

贊助等高頻次曝光，在創立第一年銷量就突破人民幣一億元大關。

第一波造風造浪：
圈地種草，切開市場破口的概念型網紅品牌

每日黑巧的起家，是很典型的網紅品牌，產品概念先成立之後，透過募資，砸大錢購買流量去進行轉化，所謂「先圈地，後種草」，走一種成本很高的私域行銷方式。

每日黑巧的第一款產品是 98% 純度的黑巧克力，這款產品在知識型網紅羅永浩老師的直播首秀，一個晚上 GMV（Gross Merchandise Volume，網站成交金額）就達人民幣 800 多萬元。當每日黑巧用這麼迅猛的速度接觸這麼大量的消費者之後，開始出現了一定比例的「非正向」產品評價。很多消費者在此之前並未接觸過黑巧克力，生平第一次購買，就買到了品嚐門檻很高的 98% 高純度黑巧，不得不提出靈魂拷問：為什麼每日黑巧的巧克力這麼苦？

第二波組合拳：
黑巧不苦，在黑巧印記上繼續疊加的強攻勢

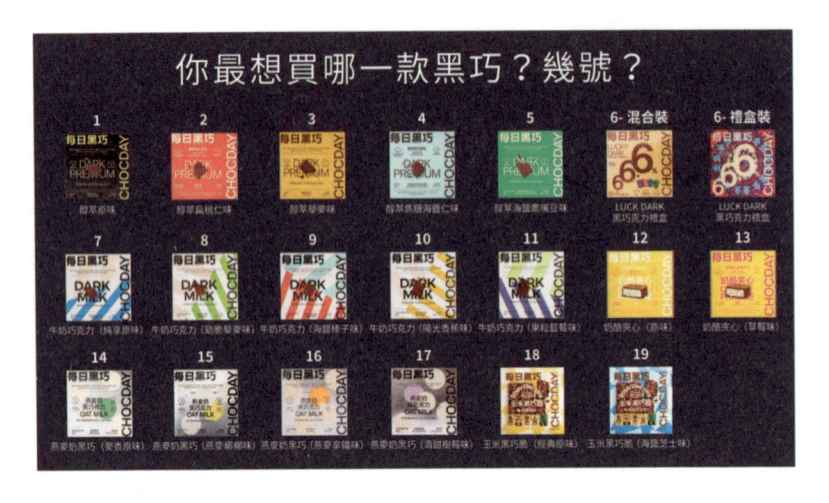

每日黑巧為了扭轉消費者對黑巧克力的刻板印象，於 2021 年新品上市時，打出了一套「王一博代言人＋牛奶黑巧／燕麥奶黑巧」組合拳，往黑巧克力裡添加了燕麥奶或者牛奶，適度的降低可可固形物含量比例，試圖從新口味上進行溝通說服。同時包裝也改了，在原本黑色包裝（上圖編號 1）之外，多增加了條紋與圓點的系列識別。

結果這套組合拳打下來，消費者的確記住了王一博，也記住了每日黑巧，卻不選擇這批新口味的巧克力。經過我們的市場研究發現，消費者最常買的依舊是上圖編號 1 的黑色經典包裝，也就是 98% 黑巧克力。這是為什麼呢？不是說黑巧克力不好吃嗎？牛奶和燕麥奶調和的新黑巧明明不苦了，卻還是踢到鐵板。

黑巧太苦，非黑巧又記不住，該怎麼往下走？！

我當初第一次去每日黑巧位於上海的辦公室時，就試吃了這款 98% 的黑巧克力，一吃又苦又酸，我當場就跟每日黑巧的創始人 Ethan 說，你這產品超不 OK 的。結果，每日黑巧的一位業務副總立刻懟我：「汪老師，你講的不對喔，我們這款黑巧賣得超好，是我們的爆品。」

嘿嘿，我每次去客戶那裡做專案項目，最喜歡聽到有人說我講得不對了，這我可來勁兒了。這麼難吃還有人買，還說這賣得最好，是什麼道理？這裡讓我先介紹一個觀念——倖存者偏差。

倖存者偏差（Survivorship Bias），這是二次大戰期間由美國學者亞伯拉罕沃德（Abraham Wald）教授所提出的著名統計學理論。沃德教授在研究「如何減少轟炸機被敵方炮火擊落」時，發現那些飛回來的飛機機翼上彈孔很多，但是機尾上彈孔很少。

對此美國海軍認為應該要更加強化機翼的防護，但沃德教授獨排眾議，認為反而應該是要加強機尾防禦力。他認為機翼都被砲彈打成這樣了還飛得回來，就表示這些地

方被擊中並不會導致墜機,反而是機尾,可能被擊中一次就墜機了,根本沒有機會飛回來。後來證實沃德教授的洞察是正確的,他的建議讓戰鬥機墜毀率降低了60%。

這種倖存者偏差,最容易出現在存量視角。就是當你分析資料時只考慮現成的、已經有的資料,卻忽略掉了那些你看不到的訊息。當你對市場的理解,都只從現有客戶下手,「我以前都這樣賣,沒有問題啊」,就不容易看到市場全貌。

就如同那些平安飛回來的飛機一樣,它們身上的彈孔並不具有致命性,你光研究它們有用嗎?反而是那些被擊落的飛機更具有判斷價值。可惜的是,增量市場就如同被擊落海底的飛機一樣,並不容易一眼就看到。

關鍵時刻 關鍵思維

倖存者偏差,最容易出現在存量視角。
當你對市場的理解都只從現有客戶下手,
就不容易看到市場全貌。

針對每日黑巧的產品，我們找來了過去曾經吃過、但後來不再吃的受訪者，也就是「愛過你的」人群，進行了深入訪談，發現大部分的消費者都是「**首單即終單**」。吃一口就不再吃了。

其實不管哪個牌子的黑巧克力，只要純度超過 70% 以上都不好入口，這是黑巧克力的產品特性。選擇黑巧克力這個賽道，就需要認知一個前提事實，在消費者心目中高純度黑巧克力已經佔據一個心智，就是苦，這個心智標籤很確定。

所以，當初每日黑巧砸重金行銷，讓消費者去吃第一口黑巧克力，消費者買之前本來就覺得可能不會好吃，但因為王一博的代言還是買了，一吃發現「果然跟我想的一樣，不好吃」，花了大錢，結果首單即終單，比賽結束，根本就是品牌惡夢。

既然吃黑巧克力的難度這麼高，到底是誰在吃？經過洞察，我們發現每日黑巧那款高純度黑巧的消費主力，是健身人群。黑巧克力的抗氧化力高，低 GI，其中的單元及多元不飽和脂肪酸能促進新陳代謝，加速燃燒卡路里，對健身族群來說完全正中下懷。我後來都笑稱，每日黑巧這款產品，就是專門賣給「吃得苦中苦」的人。

但你認為,這些在乎健康、吃得苦中苦的健身族群,是多還是少?這個賽道是大還是小?想也知道,這賽道是小的,小賽道就會愈做愈窄。

第一性思維,
打開黑巧克力的全新賽道

後來我是怎麼幫助每日黑巧的呢?讓我們先回歸到吃巧克力的第一性原理(First principle)。人為什麼會想要吃甜食?為什麼想要吃巧克力?

是的,就是想要快樂,想對自己好一點。要甜,要絲滑,要濃、純、香,入口即化,要吃了以後開開心心的,這些都是吃巧克力最底層的心理需求。滿足了這一點,消費者才會一吃再吃,一買再買。

而98%黑巧克力的產品特性,並不符合巧克力的第一性。吃黑巧克力不會給人帶來幸福快樂的感受,所以很難一吃再吃,不能怪消費者首單即終單。

話說回來,牛奶巧克力就很符合第一性,它市場大不大呢?很大,超級大。所以是不是就建議每日黑巧乾脆來進軍牛奶巧克力這個大賽道?

我們要知道牛奶巧克力這個市場，已經被 Godiva、瑞士蓮（Lindt）、德芙（Dove）、費列羅（Ferrero）、好時（Hershey's）、瑪氏（Mars）、雀巢這些大品牌所佔滿了。這些國際巨頭的企業規模動輒百億、千億元起跳，主要佔領的品類就是牛奶巧克力，想要在牛奶巧克力這個品類幹掉它們，想都別想，根本不可能。

　　那再換一個視角，巧克力這個品類，如果再往上面推一層，是什麼品類？

　　就是零食。零食才是一個更巨大無比的超級賽道。

　　零食的第一性，就是「脆」。像是洋芋片、餅乾、爆米花、膨化食品等，這些吃起來起會一口接一口的涮嘴零食，口感都是「脆」。所謂第一性原理指的是，回歸事物最基本的條件，我們在第二章會細講。

基於「零食就是要脆脆的」，再結合巧克力的第一性是「絲滑、濃醇香、入口即化」的概念，我們重新幫每日黑巧設計了一款新的巧克力，叫做「鮮萃黑巧」，我們把黑巧克力變脆了。更厲害的是，在口感酥脆的同時，還兼容巧克力的第一性「入口即化」、「濃醇香」。我們成功的利用這一款產品將黑巧克力打開了零食這個賽道。

請注意看「鮮萃黑巧」包裝上寫著「第四代巧克力提純技術 SCe4」，這是一段非常高熵的訊息，會吸引沒吃過黑巧克力的人的好奇心去試試看。這個提純技術是什麼呢？其實就是一種將巧克力中的水分真空昇華的方式，水分蒸發了，這個鮮萃黑巧吃起來就會呈現三段式口感：入口輕脆、絲般瞬融、醇而不膩。但消費者不用管這麼多，他只需要知道一入口真的好吃，就會一買再買。

相信你們也注意到了這款「鮮萃黑巧」全新的三角形識別包裝，這也是我們特別為每日黑巧設計的「印記」。這不但呼應了三段式口感，也從百百款的巧克力包裝中脫穎而出，超級好辨認。就算記不得品牌名，記不得產品名，都沒關係，這三角形的「印記」絕對叫人一眼難忘，「我要買那個三角形包裝的」，滑手機購物時眼睛也非常容易找到，最大程度降低了選擇障礙。

很多以前沒有吃過黑巧克力的消費者，從零食這個品類進入，第一次接觸到了「鮮萃黑巧」。最初的印象又脆又甜，而且還三個零添加：零白砂糖、零代可可脂、零反式脂肪，成分非常乾淨，把吃甜食的罪惡感連同選擇障礙一舉都給你消滅掉。這個「鮮萃黑巧」新產品自 2023 年 7 月上市，第一個月單包產品就賣破人民幣 1,000 萬元，真正上市即爆款，至今銷量還在攀升。

所以你說這款「鮮萃黑巧」新產品，是做增量市場？還是存量市場？其實是兩者通殺。增量市場買不買？不但買，還破圈進入了零食這個大賽道。存量市場買不買？每顆黑巧克力熱量不超過 13 大卡（市售巧克力最小規格的熱量約 70 至 100 大卡），還是純淨商品，健身人群立刻就下單了。

從每日黑巧這個案例，我們可以學習到兩件事：

1. 存量市場最容易發生倖存者偏差

不要只看到了一種人，也就是只看到你的存量，就認為那是全世界。黑巧克力當然要繼續賣給健身族群，但不能只賣給健身族群。進入零食賽道，這才是存量也要，增量也要的雙增長。

2. 增量市場最恐怖的事情就是首單即終單

消費者第一次買,就是最後一次買,你就是在品類中陪跑,花再多的錢也沒用。等錢燒完,比賽就結束。

視角決定戰場有多大,
底層邏輯決定視野有多寬廣

我在《峰值體驗》第一本書(以下簡稱《峰1》)裡曾經提到過,做洞察時,研究對象有三種人:「愛你的」、「不愛你的」、「愛過你的」,在《峰值體驗2》中我做一個補充升級,增加一個訪談對象「從沒愛過你的」。

為了好記,「愛你的」人,我給他取個名字叫做小紅,「不愛你的」叫小黑,「愛過你的」就是紅轉黑,「從沒愛過你的」我們就稱他為小白吧。

我們為什麼要訪談四種人,小紅、小黑、紅轉黑,小白呢?因為要有不同的視角,才能做到不同人的生意。只研究一種小紅,就是你的存量,非常容易進入倖存者偏差,賽道會愈做愈小。

想要增量、存量雙增長,就要學會用不同的視角去看事情。

四種你必須瞭解的人

愛你的 小紅	為什麼愛你 最常用的場景 對你的形容詞為何	把你最美的地方放大 什麼時候覺得值了 （複購率、推薦率）
不愛你的 小黑	為什麼就是不買你 是不知道沒買 還是知道不買	不知道你（進店率） 知道不買（轉化率）
愛過你的 紅轉黑	為什麼買一次就不買 現在用什麼品牌 低谷在哪裡	出問題的時刻（複購率） 為什麼覺得不值
從沒愛過的 小白	從沒試過該品類的人 跨品類可能愛你的人	心智預售的對象 障礙在哪裡

　　小紅、小黑、紅轉黑，小白，四種人想的都不一樣。甚至即使同一個人，他在不同時刻（進店、轉化、複購、推薦）想的也不一樣。你的視角決定了你的戰場有多大，你的底層邏輯決定了你的視野有多寬廣。

　　讓我們來整理一下，到目前的視角，有增量與存量，小紅、小黑、紅轉黑，小白，才第一章已經這麼多視角，讓我們先把這些節點種下去。

百億企業連續做對 11 件事，
轉化率從 33% 到 86%！

　　索菲亞家居，是一家於 2011 年在深圳證券交易所成功上市的全屋訂製家具服務提供商，2023 年營業額為人民幣 116.66 億元（約合新台幣 521.5 億元），在中國素有「衣櫃一哥」之稱。

　　索菲亞家居提供的是全屋訂製服務，透過客製化量身打造，將系統家具、系統櫃、整體衛浴這一類模組化產品快速又美觀的安裝到家戶之中。

　　因為風格多變、價格親民、品質較能預期，這種全屋訂製模式在中國市場很具競爭力。因為市場可期，當然競爭品牌眾多。

　　我想分享索菲亞家居這個案例的原因是，這是一個服務流程非常長的行業。先不講訂單成交之後系統家具的生產製造、安裝施工了，光是簽約之前，就有進店參觀、落座洽談、促進成交、上門丈量等步驟；等有了室內空間的測量數據之後，設計師出圖（方案），客戶滿意了才進到簽約這個環節。每一個動作都還能再拆解成更多的 MOT 關鍵時刻（如右圖）。

哪一個 MOT 最重要

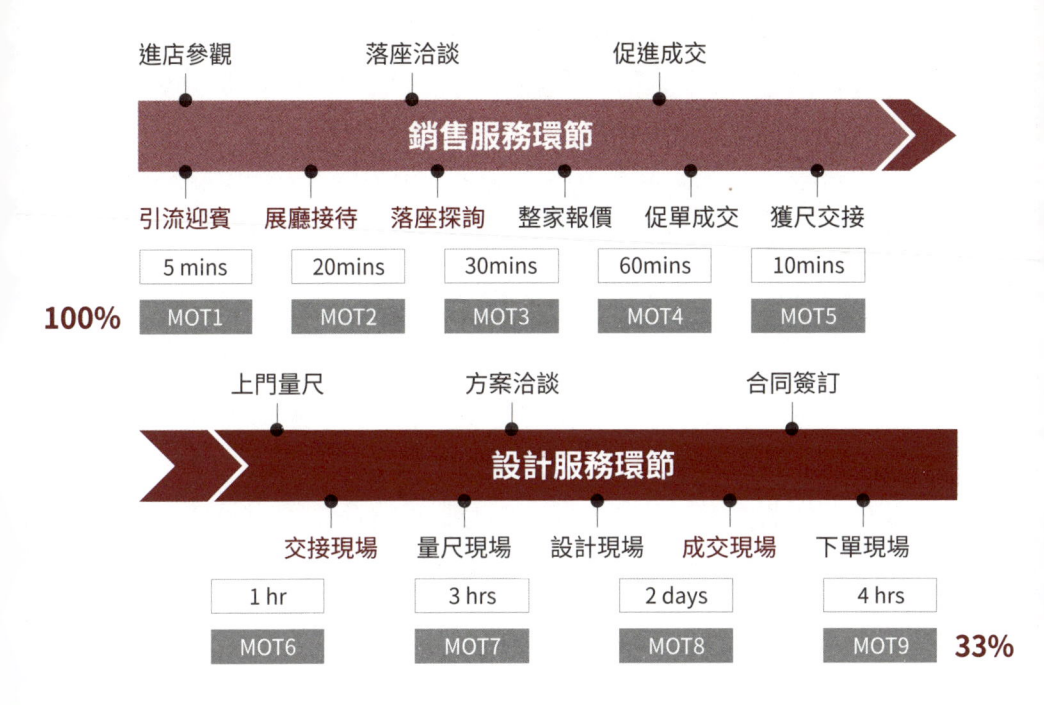

```
進店參觀          落座洽談           促進成交
   ●               ●                 ●
┌──────────────────────────────────────────────┐
│              銷售服務環節                      ╲
└──────────────────────────────────────────────┘
   ●       ●         ●         ●         ●
引流迎賓  展廳接待  落座探詢  整家報價  促單成交  獲尺交接
 5 mins  20mins   30mins   60mins   10mins
 MOT1    MOT2     MOT3     MOT4     MOT5
```
100%

```
上門量尺           方案洽談           合同簽訂
   ●                ●                  ●
┌──────────────────────────────────────────────┐
│              設計服務環節                      ╲
└──────────────────────────────────────────────┘
   ●         ●         ●         ●         ●
交接現場   量尺現場   設計現場   成交現場   下單現場
 1 hr      3 hrs     2 days    4 hrs
 MOT6      MOT7      MOT8      MOT9
```
33%

　　我在《峰1》裡開題就強調，做品牌體驗設計一定不可以有「整體服務提升」的迷思，一是企業做不到，二是客戶根本也記不住。體驗沒有做在關鍵時刻，都是浪費。

　　以索菲亞家居來說，每開發一個潛在客戶，從接觸到簽單都要花費很長的時間。從客戶進店坐下來，到他願意讓你上門到家裡去丈量，就要盧好久。測量好數據之後，設計師開始出設計圖，這邊又要來來回回好幾天。

這當中的關鍵時刻 MOT 有的三分鐘，有的一小時，也有 MOT 要好幾天的。整個業務接洽流程的 MOT 細分起來可以有幾百個，我們就算個整數 300 個吧。

那麼下一題我就要問了，這 300 個 MOT 裡面，哪個關鍵時刻 MOT 客戶流失最多？轉化率 33%，就是你花了大錢做廣告引流，的確有 100 個客人被拉進到店裡了，然後就一直走，一直走，到最後只有 33 個人成交，這就是轉化率 33% 的意思。那換句話說，有 67 個人流失掉了。

我們知不知道這 67 個客人是在哪裡走掉的呢？如果沒有這樣的洞察，這 300 個 MOT 要改哪裡？讀到這裡你有沒有發現，其實這跟喜馬拉雅 App 沒有不同，要怎麼決定首頁要改哪裡呢？線上和線下的底層邏輯都是一樣的。

所以我們要如何知道客人怎麼流失的？我和真觀顧問的同事就到索菲亞家居的門市蹲點，還調了監控錄影出來看。不看不知道，一看嚇一跳，有 50% 的客人應該是在門口五分鐘就走掉了。所以很多零售店最喜歡講，「我們要求業務在客人落座之後立刻倒上進口礦泉水」、「尊榮體驗」，倒水要幹嘛呢？都還沒有進到倒水這個環節，一半的客人就已經跑了。所以我常常講，你要改的體驗設計，如果沒有改到關鍵時刻，都是白玩。

第一個 MOT 就已經走掉 50%消費者，我們可以解讀為，這第一個 MOT 如果做對了，邊際效益最高。如果你又洞察出幾個最重要的 MOT，連續做對，其它 MOT 保持不變，那麼你就會是超級高效。我們就是這麼幫助索菲亞的，300 個 MOT 只改變 11 個，就把轉化率從 33% 提升到了 86%。

弄清楚 300 才有選項，弄清楚 290 才是行業頂尖

　　不只是索菲亞這個項目，在《峰 1》裡所提到的華航輔導案也是一樣，我們所有經手過的專案項目都是相同結果。我們得到一個非常重要的公式，叫做：

「300 – 10 = 290」

　　這代表企業在 300 個 MOT 裡，選擇最重要的 10 件事去做到極致，創造峰值；其它 290 件事不是不要做，而是保持一般般就好。這個觀念非常非常重要，因為本來就不是每個 MOT 對消費者決策的影響程度都是一樣的。

　　找出最重要的 MOT 就是洞察，落地就是把那幾個最

重要的 MOT 做好變成峰值體驗，進入心智，產生行為。企業在做決策時請隨時檢查哪些是「10」，哪些是「290」。我期待這句話，能成公司的共同語言。

每次只要有老闆來跟我抱怨他的公司沒有路走，和對手沒有差異，選不出「10」，我就知道他沒有花時間去挖出 300 個 MOT。沒有訪談四種消費者，又沒有底層邏輯，每天只從存量的角度想著健身人群為什麼不多買一點黑巧克力，卻不從增量的角度去洞察，你怎麼找得出 300 個 MOT？

現在很多企業的大問題，就是沒有選擇。它不是不想選，也不是不會選，而是沒得選。要能選出最重要的「10」是什麼，首先得要有「300」。

我幫助這麼多公司賺錢，不只是因為我告訴他哪 10 件事要做到最好，更重要的是告訴他，哪 290 件事保持一般般就好，不好也不壞，你才能省最多錢。

當商業競爭達到一個程度時，大家的毛利都差不多一樣，比的就是誰的費用率最低，淨利才會最高。誰能做比較少的事，還出一樣的結果，那你就是行業之王。所以你說「290」重不重要？

這個「290」裡面有非常多過去錯誤的隱含假設，你

以為有用，其實根本就沒用，還浪費了很多錢，這就是誤區。舉凡世界一流的公司，絕對會對這290件事情保持警覺。搞清楚「290」，才會知道現在哪些事不做，能省最多的錢。所以，你清楚你公司裡的「290」了嗎？

懂得運用底層邏輯與不同視角，你才能高效的選出對不同的 TA（Target Audience，目標族群）來說，哪些 MOT 是最重要的。企業最怕的就是用存量思維去想增量，那就很容易落入倖存者偏差。

洞察，是要找到做哪些事，它會大增長而且還不複雜

現在很多企業做品牌體驗，設計的時候很高級，可惜想的時候是峰值，做的時候統統變成低谷，為什麼？因為執行的人不是你。

真觀顧問在和索菲亞家居合作的那段時間，我去索菲亞的門市待了四天，親自去當門市業務，那四天我只跟兩種人在一起，一種就是銷售冠軍，另一種就是業務新手。因為我很清楚，如果能找到如何把一個新進員工快速提升成為銷售冠軍的方法，我就結案了。

在這四天裡，我發現索菲亞家居大部分的業務人員學歷比較普通，這些基層業務們可能一個月底薪 2,800 元人民幣左右吧，但銷售冠軍一年是可以拿到 60 萬元人民幣的（年薪約等於新台幣 270 萬元）。我把這些第一線業務人員的背景講得這麼具體，是要說明體驗設計落地時，真的不能搞複雜。「300－10＝290」，目的就是要準確，簡單，不要多。要能複製企業才能變大。

很多企業做品牌體驗設計最後沒有辦法成功的原因，就是設計太過於精妙複雜，結果落實到店面的時候根本無法執行。以索菲亞為例，它在全中國有 200 個經銷商，超過 4,000 個門市店點，幾萬個業務人員，如果複雜，這件事怎麼往下落地？

所以，體驗設計要能夠落地，就必須非常簡單。簡單，才能複製；簡單，才會有效；簡單，才能讓你招募來的加盟商、業務、甚至外包的合作廠商，不論是誰都能快速上手，進入狀況之後還能自我迭代。

小結

做品牌有兩種增長方式，一種叫增量增長，一個叫存

量增長。我們來試著回答一下，愛你的人「小紅」，是存量還是增量？存量。

那不愛你的人「小黑」，是存量還是增量？增量。

所以增量有哪兩種人？小白和小黑。

存量呢？是的，小紅和紅轉黑。

即使同樣都是要做增量市場，小白跟小黑想的一定不一樣。企業要用不同視角去佈局接下來的戰場。你現在最大的問題，就是視角充滿了誤區與盲區。

誤區，用存量去看世界，最常見的是倖存者偏差。

盲區，沒有四種人去看見不同的機會與市場，最怕的是首單即終單。

你若只看到一種人，你就只能做到一種人的生意。視角決定戰場大小，底層邏輯決定視野寬廣。我們做生意要打破盲區與誤區，最好增量也要，存量也要，這個**增量、存量雙增長的戰略思維**，從此展開！

關鍵時刻　關鍵思維

你必須要打破你的盲區與誤區。

盲區｜沒有底層邏輯，沒有看見四種人；
　　　　看世界只用眼睛看，而沒有用大腦去看。

誤區｜只看見一種人的需求，只做到了一種人的生意。

CHAPTER 2

關鍵底層邏輯：
第一性原理

第一性原理，第一性的思維，我在這本書裡會不斷的提到，我真的沒有辦法形容這個思維模式有多重要了。第一性的思維，就是要求我們回歸事物最基本的條件，只看本質。

第一性其實不是新概念，早在二千年多前亞里斯多德就已經提出，每一個系統裡都存在最基本的命題或假設，既不能被省略或刪除，也不能被違反。用亞里斯多德的話來說，他說他在尋找的是「第一原則」，也就是起源。

這個理論會又被看見，和伊隆馬斯克（Elon Musk）的成功出圈有關。從 PayPal（網路支付工具）、特斯拉 Tesla（電動車）、到 Space X 火箭、甚至 Neural ink 腦機

接口、超級高鐵、xAI 等,這六個領域跨度這麼大,甚至可說是毫不相關,但為什麼馬斯克依舊可以駕馭?他曾多次在演講裡倡議第一性思維作為他的決策框架:「要用物理學的角度去看待世界,剝開表象,看到本質。不要用其它實驗或現有經驗,只用基本事實推導,這樣你才能找到反直覺的事情。例如量子力學。」

第一性原理,既直白又爽快,它不繞圈,也不包裝。所以第一性有公式嗎?並沒有,第一性就是個思維模型,而且用起來很耗腦力,但卻非常重要。從二千年前的亞里斯多德到媒體封為「瘋王」的絕世天才馬斯克都在講,我想我們應該要好好學習一下。我們現在來利用第一性原理,做一個思維練習:

消費者在買什麼?

你又是在賣什麼?

你可能會覺得這問題也太白癡了,我怎麼會不知道自己賣的是什麼。那你認 每日黑巧在賣什麼?他賣的難道是巧克力嗎?是的,那是「貨」邏輯。但重點來了,賣東西不只是有賣貨,還有「人」邏輯,每日黑巧他真正在賣的,是快樂,是開心,是對自己好一點。

用第一性思維
去洞察人、貨、場

我現在要來跟各位介紹，做洞察一個非常重要的底層邏輯——**人、貨、場**。

我繼續以喜馬拉雅 App 這個專案來做說明。喜馬拉雅 App 它是一個知識付費平台，消費者常常打開這個 App 就是聽相聲，像郭德綱、于謙那些相聲節目，隨隨便便播放量就是 35 億次，非常受歡迎；還有就是聽書、聽廣播劇，《三體》、《鬼吹燈》、《盜墓筆記》等，有點像是台灣以前那種拉吉歐（ラジオ，收音機）。假設有一個小紅，聽過相聲的老顧客，他現在又點進喜馬拉雅 App，接下來要賣他什麼？

如果你認為你在賣的，是相聲；這位客戶買的，也是相聲。這就是標準的「貨」邏輯。

繼續賣更多的相聲給已經聽過相聲的人，是「貨」邏輯，也就是**「品類」思維**；這也沒問題，但不夠。

我們現在要開始把第一性「人、貨、場」的思維，帶進來洞察。用「場」思維去洞察，那就要去看消費者是什麼時候聽相聲。如果這個消費者都是在晚上聽，深更半夜

聽,那這個消費者買的是相聲嗎?並不是,他買的是放鬆,他要聽一聽能直接睡著的,所謂的「一鍵入眠」。

睡覺,絕對是每個人的高頻事件,所以能幫助睡眠的節目,就能讓消費者一買再買,時間一到該睡了,就會每天聽,這可是個大賽道。曾有一個喜馬拉雅 App 用戶推薦給我一個講股票的老師,真的好有效,我一聽就睡著了。

但如果你發現,這個消費者聽相聲都是在中午的時間聽,那你要賣他的是什麼?對,配飯。很多 MBTI 的 I 人,就不想跟同事成群結隊出去吃午飯,所以躲在自己的小隔間裡,耳機一塞,對著手機看第一萬遍的《甄嬛傳》、《瑯琊榜》,或者美劇《六人行》(Friends)。中國大陸給這些戲一個暱稱,叫做「電子榨菜」,就是配飯用的。這種人他聽的不是相聲,是陪伴;他想屏蔽社交。

如果這個消費者聽相聲都是在白天的時間聽,每次都短短的幾分鐘,那你要賣他的是什麼?是的,就是上班摸魚放鬆一下,逃避一下。五分鐘一段的脫口秀,剛剛好。被老闆罵了一上午了,快被客戶搞死了,需要腦袋放空。

所以你看,沒有人、貨、場的思維,你就只會賣貨。這個人曾經聽過相聲,我就繼續推他相聲、民俗口技、說唱藝術、曲藝表演,這樣做也不能說有錯,但如果只有

「貨」邏輯，賽道就小了。黑巧克力就不會發展出「鮮萃黑巧」這個零食的大賽道，相聲也沒有辦法走入「睡眠」這個高頻大賽道。

再舉一個喝咖啡的例子。從上面喜馬拉雅 App 的案例我們明白，消費者在什麼時間聽相聲很重要，那什麼時間喝咖啡，重不重要？因為做 cama café 咖啡這個案子，我們做了大量的洞察研究。

所以又來了，又要問一樣的問題，如果用第一性原理去洞察，消費者為什麼要喝咖啡？

在台灣，飲用咖啡的市場相當大，因為市場成熟，所以也逐漸分眾。從人、貨、場的「貨」邏輯來說，手沖咖啡、虹吸咖啡、法式濾壓、摩卡壺，這講的就是貨。耶加雪菲，SOE（single origin espresso，單一產地義式濃縮咖啡），咖啡豆的厭氧、日曬、蜜處理、水洗，統統都是「貨」。不管咖啡前面跟著什麼名號，從第一性思維去看就是「貨」邏輯。

> **關鍵時刻　關鍵思維**
>
> 沒有人、貨、場的思維，你就只會賣貨；
> 如果只有「貨」邏輯，賽道就小了。

貨
任務品類

- 消費者為什麼要做這件事
- 怎麼算達成這個任務
- 你的交付是什麼
- 消費者想解決什麼問題
- 其他品類可以取代嗎
- 品類是如何進化
- 能不能變簡單且高效

在峰值體驗的框架下面，我希望大家未來去說明自己的產品，不要就只是描述一件貨品的功能和規格。我們要從任務、品類的面向往下，去用第一性看看產品能給消費者完成什麼任務；這概念類似破壞性創新理論的 Jobs-to-be-done（JTBD）觀念，就是消費者想要的並非電鑽，他要的是打一個孔。

講到這裡稍微給大家補充一個 Fun Fact（趣聞）。JTBD 因為四個英文字母的發音得來一個很有趣的中文暱稱「焦糖布丁理論」，這是個很高熵的訊息。高熵訊息因為噱頭十足，讓人好奇心大發，你看你不就一下子記住了。《峰1》裡面講過，體驗設計就是要進入心智，產生行為，所以對中文使用者來說，「焦糖布丁理論」這可愛菜市場名，就比光是英文字母的 JTBD 厲害很多。

在人、貨、場的「貨」邏輯下，產品要深究的，是消費者為什麼要做這件事？想解決什麼問題？達成任務是甚麼狀態？我們怎麼交付？反向思考是，要完成這個任務還有其他變通方式嗎？有沒有替代品類？

舉例來說吃泡麵，產品不只應該聚焦在泡麵、冷凍水餃或微波食品這些即食品類，而是「不想自己煮，又要很快解決一餐」這個任務；從第一性去思考，麥當勞、肯德基這類速食，甚至 Uber Eats 外賣，因為都能完成任務，就有替代泡麵的可能性。

講回來喝咖啡的例子，消費者為什麼要喝咖啡？

或許我們該問的，是他什麼時候喝咖啡（場邏輯）。

如果是一早喝，上班的那杯咖啡（場邏輯），那他要的是醒過來（人邏輯）。和人每天都要睡覺一樣，人每天早上想要醒過來，上班時就得來一杯，這是一個超級高頻事件，肯定是大賽道。

如果是下午喝，可能是會議咖啡，Coffee Break（場邏輯），他要的是「面子」，是正式的質感，要能快速大批量的點對點送達。和重要客戶開會招待咖啡，或是和老闆開會，要讓對方覺得備受重視（人邏輯），這賽道也不小。

話說回來，如果是假日休閒時光喝，那他要的可能是

一杯能慢慢放鬆享用的咖啡，或許就是優質的手沖咖啡。但這種到外面店裡去享用的手沖咖啡，應該不太可能天天喝，這麼低頻的事件，賽道大小可想而知。

發現了嗎？如果只用「貨」邏輯，你就沒有看懂人們在買什麼，你在賣什麼。

TA 跟產品要雙向貼標，不同權重才能精準預測

以早上的那一杯咖啡來說，最重要的第一性是什麼？你的交付是什麼？是的，要快，愈快拿到那一杯愈好。速度就是你的交付。

很多人對咖啡可能會有一個執著，就是認為咖啡一定要好喝。我的意思不是好喝不重要，而是對於早晨趕上班的人來說，好喝不是最重要的，他在乎的是他要能馬上拿到。在這個時刻，便利商店的咖啡就是夠快，這個快就是交付。而且搞不好看到這家店的櫃台很多人排隊，他還會立刻調頭換一家。

所以如果還在認為消費者要的就是好咖啡，所以你就賣他手沖咖啡，要知道，喝手沖咖啡是需要有空的。男女

朋友約會，每個月去幾次咖啡館，喝個藝妓，喝個 SOE，有辦法常常去嗎？低頻事件，賽道立刻變小。

請不要誤解我，我並不是說就不要經營手沖咖啡了，而是我在協助各位計算哪裡最高效，哪裡才是大賽道。商業的本質是效率，如果追求非線性增長的企業，選擇大賽道還是很重要的事。

當消費者買的不是咖啡，而是速度時，在人、貨、場的邏輯下，我們的交付就是「快」，快這個交付，必須要被大大地「加成計算」。「很快能出的咖啡」，當然不可以不好喝，但好喝程度只要保持一般般就好。「早晨趕上班的人」，對上「很快能出的咖啡」，這就是 **TA 對應產品，雙向都貼上標籤。**

要注意，這個「快」，不是從做咖啡開始算，而是從消費者排隊點單開始，到拿到咖啡為止都很快，才是消費者想感受到的快。消費者急起來，連前面客人點咖啡猶豫不決，都會不耐煩的。想想看你自己有多少次就是因為等得不耐煩，轉身就走了。所以移除點單的障礙，簡化付款流程，快上加快，整體都要考慮進去。

上班那一杯咖啡要足夠快，就需要離公司近，我們就得開在他辦公室旁邊。這叫做「**分發效率**」，非常重要。

分發效率分成線上、線下，線上零售的分發效率，核心是演算法，系統必須要能夠高效的將資訊推送到客戶面前，例如最準確的「猜你喜歡」推薦。

至於線下實體零售的分發效率，假設所販售的商品對消費者來說已經不是高熵訊息了，那麼店就要開在消費者身旁。你會不遠千里特地跑遠路去一家店的，那東西的訊息熵值肯定很高，例如買一個限量商品，或一款最新上市的 VR 眼鏡。

但如果是買杯熱拿鐵，或上健身房之類的，因為這些東西的「熵值」（後面章節會細講）已經很低了，消費者就會進入高信息增益。簡單講，消費者要的就是確定性的答案，哪裡快哪裡買，哪裡便宜哪裡好。因為我對於我要的交付已經很確定，近就好、我家旁邊那家就可以了。至於咖啡好不好喝，健身房的裝潢和設備，只要保持一般就好，物理距離近才是關鍵。

這就是分發效率帶來的高信息增益。

認識我的人都知道，我超級熱愛手沖咖啡，甚至跑去跟手沖咖啡世界大賽的冠軍學習過，所以常常有機會和非常專業的咖啡職人、咖啡冠軍交流。我蠻常聽到這些咖啡店老闆跟我講：「汪老師，你去的這家不行，你要去我們

什麼什麼分店，那個店長手沖才是一流。」一聽到這，我就知道這家店的模式不能複製，賽道很難變大。

消費者要的是交付，而不是服務

我們會一直去一家餐廳吃飯，是因為它愈來愈好吃嗎？不是的，是這家餐廳口味穩定，每次去都一樣好吃。這就是「穩定交付」。**穩定交付，才是複購的底層邏輯。**

我常常舉星巴克當例子，星巴克的咖啡好不好喝，見仁見智，但星巴克絕對是世界級的穩定輸出，你每次去都可以期待拿到一致的咖啡。這個「每次都一致」，我講的幾乎是全球，任何一家星巴克你走進去，喝到的咖啡幾乎都是一樣的口味，這真是不簡單。這個交付上的確定性，才會讓客戶一買再買。

一家咖啡店店長手沖的咖啡很好喝，店員沖的就很難喝；資深領檯細緻到位，新進的服務生很隨便，這種交付上的不確定性，就是地雷，就是低谷，非常影響客戶的複購。全世界的星巴克你喝到的味道都是一樣的，到哪裡都很容易買得到，還能夠讓人裝起來，難怪品牌會大爆。

所以我們要看懂人、貨、場，看懂客戶在什麼時刻買的是什麼。如果用來請客吃飯的餐廳，就是用來擺譜，賣的是門面，是氣派，所以這種餐廳就要讓出錢作東的客人覺得有面子，**餐廳老闆得要出來親自招呼**。有些地方你會去吃，也不是因為他了不起的好吃，就是近、快，就是「我家巷口那家」，天天去還吃不膩。

要搞懂消費者的動機和情緒，就要回到馬斯洛需求理論，這才是「人」邏輯的底層邏輯，第一性。讓消費者覺得值了的時刻，就是你該交付的事，**消費者要的是交付，而不是服務**。消費者的動機和情緒你不去搞清楚，就只是賣貨，一旦熵值降低，進入信息增益，消費者要的就是確定性的答案，例如便宜大碗，怎麼可能不競爭、不紅海？

說說抖音吧，你以為抖音提供的服務是短影音，主力是賣貨嗎？從「人、貨、場」邏輯、動機情緒去切分，抖音賣的是轉移你的注意力，講得更準確一點，其實是轉移你的壓力。你本來專注在某件事上，但因為壓力太大，暫時躲到抖音的世界裡。暫時逃避、轉移注意力、讓你放鬆，這是很高頻的需求，馬斯洛的第二層，這才是底層邏輯。

經濟學家曾提過「注意力經濟」，但當下社會不如說是「**轉移注意力經濟**」。各種短影音平台的發力，早就硬

第 2 章 關鍵底層邏輯：第一性原理

生生把人的注意力給切碎了。很多精神病學和腦科學家都提出警告，短影音引發的手機上癮症，是值得憂心的現象。但這發展應該已經不可逆轉，做體驗設計的還是要看懂這底層。

標籤要來自第一性的「人、貨、場」思維

馬斯洛需求理論，是解釋人格與動機的重要理論。他使用「生理」、「安全」、「愛與歸屬感」、「自尊需求」、「認知需求」、「美感需求」和「自我實現」等七層次來描述人類需求和動機的移動模式。馬斯洛在晚期時還多提出了第八層「超自我實現」需求，描述人超越自我實現之後進入一種超越現實的感知，類似「心流」的狀態。馬斯洛說明的是，人有自我意志，而驅動行為的是需求。

馬斯洛需求理論符合了第一性原理。生理、安全、愛與歸屬、自尊、認知、美感、自我實現，人類底層動機的描述，為了更加快速溝通，在書裡我簡稱這些人類底層動機為「七情」。當我們用馬斯洛的七情，重新洞察「人、貨、場」的「人」邏輯時，你就會獲得前所未有的嶄新視角。

馬斯洛需求層級 ｜ 七情	峰值體驗洞察 ｜ 動機七情
自我實現	大理念為他人
美感需求	把自己變美好
認知需求	學新認知爽感
自尊需求	被看見裝起來
愛與歸屬感	認同感被需要
安全	先避損解焦慮
生理	五感刺激快樂

就拿喝手搖飲來說，人們喝奶茶是因為口渴嗎？口渴你可以喝水嘛。所以想一想那個底層邏輯，喝奶茶就是想要開心，想犒賞自己一下。

我最近在做時尚耳環的品牌輔導案，就發現人有時候買東西，就是一種「我想要對自己好一點」、「想犒賞自己」的衝動，所以下班的路上累得要命，捷運站裡看到漂亮的攤子，忍不住花點小錢買對耳飾，不為過吧。結果買回家之後一次都沒戴過，這種人多得不得了。不信再來看，人們上健身房，動機是真的喜歡運動嗎？其實，只是不想被人說「胖」而已，動機七情的第二層——避損。

第一性思維 人貨場

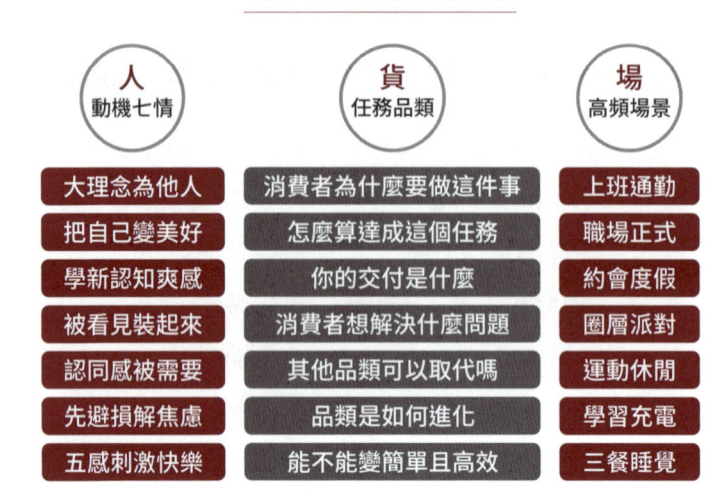

人 動機七情	貨 任務品類	場 高頻場景
大理念為他人	消費者為什麼要做這件事	上班通勤
把自己變美好	怎麼算達成這個任務	職場正式
學新認知爽感	你的交付是什麼	約會度假
被看見裝起來	消費者想解決什麼問題	圈層派對
認同感被需要	其他品類可以取代嗎	運動休閒
先避損解焦慮	品類是如何進化	學習充電
五感刺激快樂	能不能變簡單且高效	三餐睡覺

　　然後講到每天大家滑臉書，YouTube 影片一個接著一個看，要不然就是躺在沙發上拿著遙控器 Netflix 選單一直滑，醒過來已經二小時之後，為什麼？因為我們白天受夠了，想要轉移注意力，就想要腦袋空空。

　　上面這張圖歸納了人、貨、場的第一性思維邏輯。洞察消費者，要用人、貨、場的第一性思維去洞察，要非常重視研究消費者的動機是什麼，而那個動機，馬斯洛已經講完了，那正是我們該交付的，也正是消費者在買什麼，你在賣什麼的答案。如果只用「貨」邏輯、品類邏輯，很可能這些詞大家都在用，結局就是你的思維和競爭對手一模一樣，當然找不出差異。

人	貨	場
動機七情	任務品類	高頻場景
・我想對自己好一點 ・每天已經好辛苦了，我要犒賞自己 ・我壓力超大好不好	・我需要一副耳環，搭配衣服 ・要顯白、顯氣色，順便修臉型 ・對了，我皮膚很容易過敏	・我明天有重要會議，需要看起來很專業 ・後天要約會，要彰顯個性和女人味

以女生買耳環來說，可以將消費者的訪談拆解後，分別放進去人、貨、場框架中。

我們尋找市場，看機會，一定要學習去看那些高頻發生的事件；高頻，賽道才會大。以流行飾品這一類東西來說，你會每天都需要一對新的耳環來搭配衣服嗎？每天換耳環戴的人根據我們的調查，的確不是多數。那麼朋友生日或有其他送禮場合，這很常發生嗎？這應該也是偶爾。

但壓力大，心情不好，這算是高頻還是低頻？

「想對自己好一點」，對現代人來說是很常發生的場景。所以賣耳環賣流行飾品，變成從「紓壓」這個情緒場景切入，只要是你定價不要太貴，花個兩、三百塊錢買對

人	貨	場
動機七情	任務品類 買耳環想達成的任務	高頻場景
・認同感 ・被看見 ・變美好	・低調自信 ・專業幹練 ・女性個性	・上班用 ・開會用 ・約會用

耳環讓自己開心起來，這就是把情緒與場景帶進來。我們一旦用人貨場邏輯看進去，賣的就不只是耳環，就如同每日黑巧賣的不是巧克力，「快樂」才是交付。

第 69 頁的圖表，可以進一步翻譯成為以上表格。

清楚地洞察人貨場，我們才有辦法真的看懂消費者他買的是什麼，而我們應該要交付什麼。

馬斯洛動機七情層層疊加，才是大賽道

情緒，是非常重要的動機，我希望各位要把這個概念深深印在腦海裡。這動機七情裡面第一個叫做「快樂」，我們利用五感去刺激消費者，讓他從感官上就產生快樂。這個生理需求啟動速度最快，可以第一優先去啟動它。

當我在幫客戶重新設計手搖飲奶茶時,首先就是要充分刺激你的視覺。一個透明杯子裡面要有四層顏色,最下面深紅色、芋紫色、粉紅色,最上面再頂一層奶酪的乳白色,光是顏色就讓你的眼睛感覺很爽。然後吸管一插下去,至少也四種口感。

我跟各位報告一下,口腔裡面這個咀嚼感的需求,是要命的重要,QQ的、軟綿綿的、沙沙的、滑滑的、脆脆的,光是口感就讓你的嘴巴無法離開。這個底層就是五感刺激快樂,最先被啟動。

而奶茶,有沒有讓人裝起來的意涵?你買一杯最新網紅大熱名店的限量版飲料,你拿著那個紙杯在路上走時,感覺怎樣?在臉書上一堆網紅餐廳、排隊美食、潮流名店,大家擠著搶著拍照打卡,那不就是「裝起來被看見」。就是「我有你沒有」、「我和你不同」,這其實都是想要被看見──七情裡面的第四層。

一杯四種不同顏色、四種不同口感的奶茶,從五感快樂(第一層)到解焦慮(第二層),不但讓人接觸市場最新產品(第五層:學新認知爽感),還能裝起來(第四層),就一杯奶茶滿足了四層不同的需求。所以奶茶為什麼是大賽道,因為它同時滿足了這麼多層的動機需求。因此當我

們在設計一個產品時,一定要計算它的交付能同時滿足多少層的需求。

換句話講,如果消費者用你家的東西「沒有感覺」,既不感到快樂,也不解焦慮,覺得不需要,又裝不起來,一看是古代的⋯⋯消費者還會買嗎?

再講一個案例。之前我在中國大陸做過一個寵物醫院的輔導案,現代人回到家,第一想看到的不是人,是他的狗。一開門狗衝過來,那個感覺非常非常好,所以你說第三層的「被需要」,重不重要?全球獸醫醫療保健市場可是一個八兆元新台幣的超級大市場。

就以台灣來說,寵物的數量已經比孩子多了,2021年光是登記在案的寵物數量有296萬隻,而15歲以下兒童人數為288萬人,這個交叉點已經出現,實在非常驚人。為什麼,因為養寵物同時滿足了很多層級的動機需求,又快樂、解焦慮、又被寵物需要。帶寵物出門還可以裝起來,如果是領養流浪的寵物,還滿足七情裡面的最上層(第七層:大理念為他人),一次滿足五層,不解釋,肯定大賽道。

我有一個朋友前陣子養了一條狗。他本人其實是一個很精準、錢花在刀口上的人。像運動健身,他是會一家一家比較,找到入場券150塊錢健身房的那種人。

結果他養狗之後完全不一樣了，上個月他說要帶狗去游泳，「因為我家的狗需要運動」。嗯，是的，他原話就是這麼說的。那麼，狗游泳一次多少錢呢？600 塊錢。為了小狗要運動要嚐鮮游泳，他還給狗買衣服，帶狗去「狗漢堡餐廳」參加狗狗派對。然後最近他買車了，因為他家的狗如果要去狗醫院，上捷運很麻煩。是的，因為這樣他買車了，為了狗兒子買的，他的狗就是他的家人。不要覺得很誇張，任何一個做寵物生意的，你如果還把寵物當動物看，那你真的錯到離譜，寵物就是毛小孩啊。

　　我曾訪問過一家爆紅的寵物醫院，它受歡迎的原因是因為那家寵物醫院一進門就給所有的毛小孩發條乾淨毛巾，讓他們即使是冬天也能溫暖地坐在沙發上。你想的沒錯，寵物就是我的小孩，既然是我小孩那他怎麼可以坐在冰涼的地板上。雖然預防針每一家動物醫院都可以打，但只有這家醫院對我家毛小孩最友善，我當然一去再去。

> **關鍵時刻 ⌇ 關鍵思維**
>
> 在設計一個產品時，一定要計算它的交付能同時滿足多少層的需求。

消費者十裝

情緒，是所有消費行為背後最大的動機。當你半夜 12 點想要對自己好一點，最快、最有效的，難道不是下單買個包、買雙鞋嗎？總比把老公挖起床，叫他說我愛你來得簡單又快，哈哈哈。

這就是人，是人就會有情緒。情緒，是最重要的底層邏輯。甚至可以說，**情緒，決定了一個人的可支配時間；而「裝」，決定了一個人的可支配所得。**

對某些人來說，讓別人知道我有錢，比我真的有錢還重要；讓別人知道我在運動，比我真的在運動還重要。所以我常常開學員玩笑，來上我的大課，剛在櫃檯報到就拍照上傳，然後 hashtag「#今天學習中，請勿打擾」。讓別人知道我是誰，裝起來被看見，是底層需求，非常重要。

想被看見，是無比重要的現代人動機需求，雖然我們都明白不應該活在別人的眼光裡，但現在誰逃得掉？甚至可以說所有的網路行為，核心動機都是想被看見。發圖、貼文、點個讚、留個言，所有的網路足跡其實都是；更不用講引起網路論戰，或者想成為網紅的中心思想。如果想要把網路狂風吹起來，不能不搞懂這背後「裝」的心態。

消費者十裝

裝 X	裝懂
裝年輕	裝自信
裝圈層	裝正確
裝高級	裝時尚
裝幸福	裝成就

　　消費者在裝什麼呢？我幫大家歸納了十個「裝」，如果你還能設計出其它的「裝」，當然要用上。如果沒有，這十裝馬上可用。

　　X 那個字寫出來實在不文雅，意思就是以虛榮賣弄為目的的一種過度包裝行為，請容我用個符號替代，大家自行意會就好。這十個裝，都是建立在馬斯洛的需求之上、現代人行為底層的驅使動機。

　　以吃東西來說，要吃飽很簡單，吞個饅頭就飽了，如果只是滿足最底層的生理需求，東西就沒有辦法賣貴。像是我中午自己吃一碗榨菜肉絲麵，很好吃啊，也就不超過 100 塊錢的事情。可一旦是我要請人吃飯，為了表示誠意，那不就得「裝起來」，馬上就要多花很多錢。

　　這就是「裝」，影響了人們的可支配所得。

以買衝鋒衣來說吧，一個白白胖胖的上班族選擇穿始祖鳥（ARC'TERYX），他難道真的要去登聖母峰嗎？買豪車、買奢侈品，某程度都是期待被看見，想要「裝」起來。開邁巴赫（Maybach），用愛馬仕柏金包，戴百達翡麗陀飛輪錶，不用解釋，所有人都秒懂你很有錢；有錢人要的就是免溝通，你就 get 到我是誰，以及我的財力。

奢侈品牌愈能支撐出人的身分地位，愈有溢價空間。最氣的就是你穿了一個很貴的牌子，結果人家還問你貴在哪，氣死，下次馬上不買。

可能會有高明哥、聰明姐來抬槓：「你這講的不對，很多有錢人出門都穿藍白拖。」或者說：「那些歐洲的老錢根本不用愛馬仕。他們全身穿的連牌子都看不出來。」欸，裝窮也是一種裝。

此外你不裝，那是你的選擇，沒毛病。但我一開始就講過，你看到幾種人，才能做到幾種人的生意。如果你認為黑巧克力只能賣給健身族群，那你就只能做到健身族群的生意。再附帶問一句，Godiva、瑞士蓮，當你要送禮的時候就選這些牌子，怎麼不選便利商店賣的巧克力呢？

簡言之，**品牌如果能讓消費者愈「裝」，品牌溢價就愈高；能持續性的讓人裝起來，品牌忠誠度就愈高。**

增量用情緒場景去啟動進店和轉化，而存量要讓消費者裝起來被看見，更會加速複購跟推薦。

　　總結七情，第一，就是愈下面的層級一定愈容易被先啟動；快樂這一層一定是第一個被啟動。第二，愈往上面的層級走，品牌溢價就愈高；第三，如果一個交付同時包含愈多層級的需求，對消費者而言那就愈值。

　　第四，就是這七個層級裡有各種不同的人。馬斯洛講了，人的動機，有生理、安全、愛與歸屬、自尊、認知、美感、自我實現。有些人靠吃就很滿足了；有些人吃對他沒用，他要學習，他要新東西的碰撞，要環保愛地球。

　　每個人都不一樣。最怕的就是你覺得所有人都應該跟你一樣，不要快樂，吃得苦中苦，也不裝，韜光養晦，那你就只能做到你自己這種人的生意。

> **關鍵時刻　關鍵思維**
>
> 增量市場，用情緒場景去啟動進店和轉化，
> 一見就進，一買再買。
> 存量市場，要讓消費者裝起來，他才會覺得值了，
> 值了才會推薦。
>
> **七情法則**｜愈下愈先、愈上愈貴、愈多愈值。

增量用情緒場景啟動，
存量要讓消費者裝起來

　　但馬斯洛講的還不只這樣。同樣是電腦品牌，蘋果這個品牌，你是否就感覺它自帶聰明？但聯想（Lenovo）呢？你就會覺得這個品牌偏實際，很工具。

　　再舉個例子，可口可樂，說到這品牌大家腦海裡就會浮現「快樂」兩個字，難道因為品牌名字裡面有個「樂」字。它就自動成為公認的快樂水嗎？那也有個牌子從名稱就看起來很樂啊，例如哇哈哈，但你會覺得哇哈哈等於快樂嗎？大部分人應該只會當它是瓶飲料而已。

　　再例如Nike，你一想到，就會想到Just do it，有冒險，有對運動員致敬的含義。但有的運動品牌，你就會覺得他只是個工具。同樣買奢侈品，買愛馬仕（Hermès）、買路易威登（Louis Vuitton）、跟買普拉達（Prada）的人，還是有很大的不同。這些奢侈品各有各的標籤，即使都是裝，裝得還不一樣，風格或者說辨識度還是很清晰的。

　　品牌是工具，還是人？其實都沒有問題，只是品牌愈像一個人，愈擬人化，品牌的辨識度就愈高，因為那就是大腦的深層處理。

做品牌，一定要把品牌和情緒連結起來。品牌擬人化後具有的鮮明個性，能激發消費者情緒，情緒能有效增加品牌辨識度。

品牌的終局就是要有辨識度。我們的目標，不正是用各種交付去啟動消費者的情緒與動機需求嗎？具有擬人化的品牌個性，就會更容易讓消費者用品牌去幫自己貼標籤、被看見。不要以為只有奢侈品才有品牌個性，你應該也常聽到朋友說，我只喝這家奶茶，或我都只買這牌子的衛生紙，不都一樣嗎？

在這裡，我已經先幫你整理好了 28 個品牌個性。**品類**，我們要洞察的就是消費者有哪些七情，啟動哪些情緒動機。而**品牌**，要洞察的就是辨識度，有哪些品牌個性是屬於你的美，是可以放大的。這 28 個品牌個性，提供大家參考。（第 80 頁）

關鍵時刻　關鍵思維

品牌愈擬人化，辨識度就愈高。

品類｜要洞察出不同的情緒動機；
品牌｜要洞察出品牌個性辨識度。

28 個品牌個性

品類		品牌				
	大理念 為他人		環保 奉獻	冒險 挑戰	創新 改變	理念 原則
	把自己 變美好		品味 優雅	上流 高級	時尚 引領	藝術 美學
	學新認 知爽感		幽默 高知	聰明 懂你	開放 包容	科技 前沿
情緒 動機	被看見 裝起來	情感 個性	領袖 成就	自信 相信	自主 負責	經典 精緻
	認同感 被需要		保護 守候	溫暖 舒適	熱情 活力	友善 親切
	先避損 解焦慮		誠實 透明	專業 可靠	堅韌 毅力	實用 務實
	五感刺 激快樂		性感 魅力	感官 愉悅	快樂 夢想	誘惑 大膽

80 峰值體驗 2

CHAPTER 3

洞察，
讓企業有所選擇

做洞察，很重要的目的之一就是拉齊認知，拉齊你跟消費者之間的認知落差，透過這個研究過程，運用各種底層邏輯去理解客戶在想什麼、買什麼，而我能交付什麼。

但做洞察更重要的是，拉齊你跟同事之間的認知。

你應該常常看見一個公司裡面，每個部門各講各話，不但你跟消費者之間橫著很大的認知鴻溝，各部門彼此之間對消費者的認知也有很可怕的落差。

企業內部對於小紅、小黑、小白、紅轉黑，要先做哪一群沒有共識也就算了，甚至很可能連定義都不一樣，你在講小紅，他在講小黑。洞察就是在拉齊這個認知，找到企業的「盲區」與「誤區」。

什麼叫做盲區？看世界只用眼睛看，而沒有用大腦去看，沒有用底層邏輯去看，有看沒有到。《峰值體驗2》這本書讀到現在，你應該已經知道什麼叫做「倖存者偏差」、「首單即終單」、「第一性思維」、「馬斯洛需求理論」等。你能運用的底層邏輯愈多，你的洞察就愈清楚。

「誤區」是什麼？就是你以為是對的，其實是錯的。為什麼會這樣呢？就是因為你看得太少了；你過去的經驗以及單一視角侷限了你。讀到現在，你應該最起碼要懂得用高淨值人群／低淨值人群、增量市場／存量市場、小紅／小黑／紅轉黑／小白，以及進店／轉化／複購／推薦四大維度去洞察消費者。你的視角，決定了你的賽道。

底層邏輯愈多，看得愈明白；思維節點愈多，算法就愈厲害。有了這些視角，你就跟以前不一樣了。只有井底之蛙才會覺得自己所經營的事業有多特別。看多了就會明白，底層邏輯是有共性的。接下來，介紹兩個非常重要的底層邏輯，幫助你的洞察看得更清楚，賽道打得更開。

關鍵時刻 關鍵思維

底層邏輯愈多，看得愈明白；
思維節點愈多，算法就愈厲害。

系統一	系統二
快速 / 直覺 / 情緒驅動	慢速 / 分析 / 邏輯驅動
👁 顏色　顏色符號	
👂 不專注　音樂旋律	🧠 理性判斷　心理效應
👃 容易忽略　香氣記憶	💻 AI 大數據　水軍算法
👄 連結最強　家鄉味	
✋ 連動視覺　觸覺品質	
佔據兩個以上的感官體驗 更容易進入系統一，影響決策	運用兩個以上的效應 更容易進入系統二，影響決策

系統一和系統二，幫助你洞察出六種不同消費者

　　首先第一個底層邏輯──系統一和系統二，這是 2002 年諾貝爾經濟學獎得主丹尼爾・康納曼（Daniel Kahneman）在《快思慢想》一書中提出的重要觀點。他將人類大腦運作分成「系統一」和「系統二」兩種方式，系統一就是直覺，代表的是反射性思考；系統二是理性，是按部就班的分析能力。

　　康納曼在書裡有很多嚴謹論述，這裡不加重複。行為經濟學對於峰值體驗的思維體系有非常深刻的影響，在設

計體驗時,針對不同的 TA,要同時調動系統一與系統二的組合運作,才會更高效的進入心智與產生行為。

在行為層面上,系統一運行是無意識且快速的,處於人們無法自主控制的狀態。我們需要用五感去進入系統一,顏色符號、音樂旋律、香氣記憶、味覺記憶、觸覺品質等等。如果同時使用兩個以上的感官體驗,會更容易進入消費者的系統一,進而影響他的決策。

系統二靠邏輯驅動,需要高度專注集中,運作時會花比較多時間,十分耗費腦力。雖然行為經濟學已經用各種科學研究證明了人類決策過程其實並不理性,但這不妨礙人們有自覺客觀、中立、理性的需求。

關鍵時刻 　 關鍵思維

系統一／直覺,代表的是反射性思考;
系統二／理性,是按部就班的分析能力。

行為層面上:
系統一｜無意識且快速,需要用五感去進入。
系統二｜靠邏輯去驅動,需要高度專注集中。

同時使用兩個以上的感官體驗,更容易進入系統一。

系統一			系統二
	大 V	專家	
	1+2	2+1	

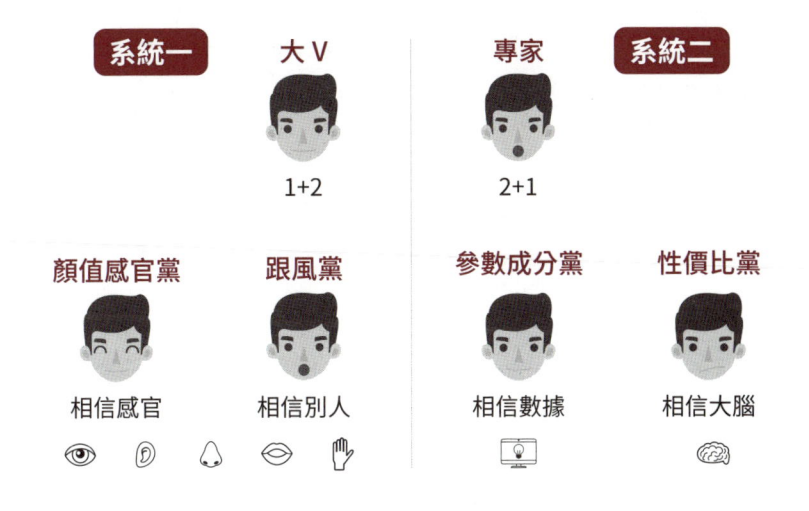

顏值感官黨	跟風黨	參數成分黨	性價比黨
相信感官	相信別人	相信數據	相信大腦

在系統一和系統二的架構下，我把消費者分成六種人（見上圖）。跟系統一有關的第一種人是「顏值感官黨」，這種消費者最容易被外型、外觀好不好看影響，所謂一眼心動、一見鍾情，講的就是這種人。

顏值和感官泛指所有眼、耳、鼻、舌以及觸覺能感受的體驗，尤其強調視覺體驗。從包裝、造型、廣告設計、色彩使用，到燈光情境等，這些體驗設計要能恰當的被五感尤其是眼睛所感知到，包括色彩的流動、影音的強弱節奏、甚至遊戲互動形式等等，都會影響他的決定。

對顏值感官黨來說，顏值就是第一關，沒過這關，會被直接無視。所以，奶茶要賣給他們，就要五顏六色、要

好看;車子、衣服、鞋子要賣他,要搶眼亮麗;網路影音要讓他點開,封面頁要吸睛。那句網路流行語充分反映了顏值感官黨的心聲:「我沒義務透過你醜陋的外表,去認識你美麗的內心。」

顏值感官黨的系統一很強大,也很自動,想做他們生意的就要充分刺激他們的五感,尤其視覺。

第二種人叫做「跟風黨」,這可以跟第三種人「大Ｖ」搭在一組講。大Ｖ這些網路紅人為了持續吸粉,必須非常有紀律的更新內容。在這前提下,大Ｖ需要新鮮內容、有趣影片、需要知識點,才能維持熱度,這和品牌方或者說資訊來源能形成各取所需的生態圈。

至於跟風黨,這些消費者喜歡湊熱鬧,喜歡炫耀,一窩蜂跟著起鬨,讓他們覺得自己走在最前面,人生活得才有意思。所以大Ｖ和跟風黨,一個吹風,一個跟風,都是系統一主導行為的消費者。

在系統二這邊也有三種人,「專家」、「參數成分黨」、「性價比黨」。系統二的人比較信任所謂的客觀情報,所以價格評比、原料來源、技術規格、大數據、專業機構認證、得獎紀錄、排行榜,甚至寫手撰寫的測評報告、開箱文、使用心得,包括正負評價等等,他們都會去逐一細看,

比到地老天荒，就是他們的樂趣。通常，寫的人就是「專家」，看的人就是「參數成分黨」。至於「性價比黨」，這一類型的消費者就是雙十一大促活動，或者百貨公司週年慶裡面「買萬送千」的主力戰將，覺得自己賺到最重要。

如果瞭解大腦運作的話，就可以知道真正的純理性那真是太難了。但只要有人想相信自己是理性的，沒問題，我們就讓他覺得自己的決策理性。

所以體驗設計一句話講完，就是：

讓消費者自以為在用系統二，其實用的是系統一；
真的用系統二時，其實也只是大數據演算法的結果。

四個「沒有」，是四大維度的最大障礙

接下來我要講洞察第二個重要的底層邏輯，也是洞察時最容易忽視的盲區與誤區。我們在洞察時，找的是消費者為什麼進店、轉化、複購、推薦的原因，但其實我們更需要知道是「不」的原因。他們為什麼就是不進店、不轉化、不複購、不推薦呢？

在某些狀況下，「不」的原因比「要」的原因更重要。

是的,就是增量市場,新客戶,小白與小黑;還有存量市場,紅轉黑。這些人正是因為那些「不」的原因,所以不知道,不想買,不再買,不推薦的。把這些「不」給滅了,把障礙移除,才會產生我們要的行為——也就是進店、轉化、複購、推薦。

這個底層邏輯來自於行為經濟學的前景理論(Prospect Theory),前景理論是由丹尼爾・康納曼和阿莫斯・特沃斯基(Amos Tversky)在 1979 年提出,它解釋了人們在不確定條件下如何做出決策。前景理論的核心概念之一是「避損」,又稱「損失厭惡」(Loss Aversion)。這一概念直接支持了找出「不」的原因,比「要」的原因更重要的觀點。因此在訪談消費者時,他一講到為什麼「不」行動時,我們就要特別注意。

以下四個「沒有」:

沒有印記、沒有透傳、沒有差異、沒有故事

就是四大維度進店、轉化、複購、推薦「不」行動的主要原因。移除障礙,弭平低谷,正是要透過訪談去挖出來的。接下來我們進入四大維度,一個一個展開說明。

四個沒有

推薦率			進店率
	沒有故事	沒有印記	
	沒有差異	沒有透傳	
複購率			轉化率

進店率,最怕「沒有印記」

在「進店」這個維度,要追問以下三個關鍵問題:
- ☑ 風在哪裡?
- ☑ 印記在哪裡?
- ☑ 熵在哪裡?

首先解釋為什麼要問風在哪裡。所謂的「風」,就是席捲消費者的視覺與聽覺的巨大資訊量。網路帶風向、搧風點火、口碑行銷,講的都是類似概念,就是透過有組織有計畫地操作,讓某個溝通目標在短時間內迅速被大量曝光。要吸引消費者進店,一定要把風吹起來。

曾有研究顯示，如果把我們的手機、電腦、電視等等所有可以隨身攜帶的設備裝置考慮進去，乘上每天醒著大約 15 小時都在接觸各式媒體，等於每個人每天暴露在 200 份報紙的資訊量下。我們每天要被 3,000 則廣告轟炸，但同時，人腦的專注能力，已經降低到 8 秒鐘以下。

在如此這般的市場高能噪聲下，企業還能再說酒香不怕巷子深嗎？不要小瞧注意力匱乏的消費者們能有多被動，就怕你等到酒都餿了還沒人上門。

風吹印記拉增量，風不吹，人不來。過去企業碰運氣站對位置，等風口的大風吹起來帶自己上天，現在必須學習有系統的造風、吹風，要有能力帶入流量才能活下去。

風吹印記拉增量，進店要吹六種風

風要吹起來，進店率才能提升。所以風在哪裡？要怎麼吹呢？首先第一種風，最重要，也就是被朋友害。朋友之間吹的風，叫做最強的「跟風」。好東西要跟好朋友分享嘛，我常笑說，這世界害你最多的人就是你朋友。今天他推你入坑，明天你喊他跟團；大家互相安利（推薦），互相種草，使用者變成傳播者，就是這種情況。

第二種風叫什麼風？叫做「台風」，簡單講就是四大平台上颳起的橫掃旋風。如果在中國大陸的話，四大平台指的是抖音、小紅書、知乎、B站；如果在台灣就是LINE、YouTube、IG、Facebook；另外包括新舊論壇例如PTT、Dcard、Threads等等。

這些平台的分發效率超級高，可以在短時間之內達到非常準確的觸達。我們要拉人進店，一定要懂得借力使力；倍增，速度才會快，才有機會非線性成長。這些平台上現在吹哪些風，要怎麼把風吹起來，我認為是現在進店必須一定要做的事情。

第三種叫超級**大V的「龍捲風」**。大V這個詞台灣比較少用，在中國原本指的是在微博上十分活躍、又有著廣大粉絲的公眾人物，因為經過平台認證（Verified）在他們的網路暱稱旁會有一個V字母圖示，所以被網友稱為大V。我們可以把大V理解為具有影響力的網紅、KOL。

> **關鍵時刻 關鍵思維**
>
> 拉人進店，一定要懂得借力使力；
> 倍增，速度才會快，才有機會非線性成長。

大 V 在中國大陸還是有分不同等級的。那些頭部大 V、頂級網紅、Top KOL，英文稱之為 Mega influencer 的人，粉絲數量動輒百萬、千萬起跳。像是在中國被稱為「帶貨一哥」的李佳琦直播間，2023 年雙十一首日直播間銷售金額是人民幣 95 億元，是一天內喔，這種交易規模已經不能單純用一個帶貨主播去看待，而是一個非常龐大的企業量體了。

我在這裡用李佳琦來舉例，只是用來說明大 V 的實質影響力，企業想要在進店這個維度著力，不可能避開使用網紅生態圈，任何市場都一樣。網紅幫忙把風吹起來的效率很高，當你策略操作得當，風一陣一陣地吹，很快就能形成龍捲風，一下子颳遍平台，席捲所有 TA。

直播間更是獲客後直接賣貨，進店加轉化一氣呵成，影響力極其巨大。怎麼透過大 V 幫我們把印記的風吹起來，把增量拉起來，是很關鍵的事。

第四種風，是大數據銷量評分的「**人造風**」。我們平常上 Uber Eats 怎麼點東西？看餐廳評價，看排行榜。其實電商平台網頁上的所有數字，不管是銷售金額、觀看次數、下載量、使用心得、測評報告、月售幾單、排行榜、多少人次付款、商家信用積分等等，都是人工可控的。

什麼意思？有沒有聽過網路「水軍」？有沒有聽過「買榜」？網路上的數據和情報可能含有水分，這是買賣雙方都心知肚明的事。

當然我絕對不鼓勵造假，但對於參數成分黨來說，這些資訊是很重要的。作為一個負責任的廠商，把成分、數據、規格、測評，講清楚，講得讓消費者秒懂，降低選擇障礙，是很基本的工作。品牌方要理解如何讓平台系統推送的風，有利於我們。

請記得，消費者在線上進店時，系統一和系統二是同時運作的，你必須要看清楚底層邏輯。

第五種風，叫做競爭對手吹的「妖風」。很多時候我們在前面辛苦教育市場，結果別人來割韭菜；現在競爭對手教育市場時，我們來割韭菜，誰說不行？風不吹、人不來，競爭對手幫你把品類風都吹好了，市場都有人幫你把消費者教育好了，直接收割，速度才快。要懂得善用。

> **關鍵時刻　關鍵思維**
>
> 風吹印記拉增量，風不吹，人不來。
> 過去企業等風口，現在必須學習有系統的造風、吹風。

進店六種風

1. 朋友是最強的**跟風**
2. 四大平台的**台風**
3. 超級大 V 的**龍捲風**
4. 大數據銷量評分的**人造風**
5. 競爭對手吹的**妖風**
6. 事件的**熱點風**

第六種風,事件的「**熱點風**」。什麼東西是當紅話題?跟著走。例如前陣子輝達(NVIDIA)執行長黃仁勳是新聞頭條,你有沒有辦法靈活反應迅速搭一波,將 AI 書籍、簡報示範教學課程、甚至黃仁勳同款皮衣等等,隨著話題上鏈結,搭上熱點風大賣?

大熱影集《慶餘年 2》上映時,男主角張若昀的十幾個代言,從超市、服飾、金飾⋯⋯簡直像是開了 Turbo,在中國全網塞爆,這就是正確的鋪陳。熱門事件、熱門話題、熱搜排行榜,本身就自帶流量。這種風跟得好的話,不用花大錢就能把客人眼光全抓過來。

十大印記

系統一｜印記	系統二｜印記
1. 顏色	6. 品類名
2. Logo	7. 爆品
3. 門店	8. 代言人
4. 產品外觀	9. 產品名
5. IP 智慧產權	10. 廣告語

進店的十大印記

　　進店這個維度第二個要探詢的問題，就是印記在哪裡。印記就是識別。在這裡我歸納了十個強印記，左欄 1 到 5 是系統一的印記，右欄 6 到 10 是系統二的印記。系統一、系統二是諾貝爾經濟學獎得主康納曼的理論，系統一指的是本能直覺、五感反應；系統二則是理性分析與邏輯思考。我在《峰 1》書裡面已經舉了大量案例說明，有興趣的讀者可以參考《峰 1》或康納曼的著作《快思慢想》。

　　系統一的印記，更直觀，通過五感的刺激，能更快速進入消費者的心智。這就是為什麼消費者更容易回想起品

牌的顏色，而不是廣告語；或者是我們記得一個人的臉或者聲音，卻想不起來他的名字。

我們來看看右方這張模擬實驗的圖片，上面有眾多手搖茶飲品牌，我們把它們的門市統統合成在一條街上。如果你是路過的消費者，請問你會走進哪一家？

這個實驗我已問過上千的受訪者，編號 1、3、4 這三家店最常常被選。我們可以發現這三家店的招牌剛好都是純色、基礎色。人的視覺對純色天生就最容易引發注意力，不然交通號誌為何會選用紅、綠、黃這三色燈呢？正是因為醒目。色彩是非常厲害的強印記，我們如果想要客人一見就進，或至少看到就能認出，看一眼就能記得，就要好好在印記上下功夫。

印記就是你的識別，同一個品類，印記誰先拿走誰就獲勝。所以為什麼說做行銷要「以快打快」，快很重要，印記就是誰先進入心智，誰就先獲勝。沒有印記，消費者記不得你、認不出你，即使已經進入強勢品類，也只是在陪跑，花的錢都只是在幫競爭對手進店而已。

再來就是講到**信息熵**。熵（entropy）是物理熱力學第二定律的概念，熵值愈高，系統愈混亂。所以愈高熵的訊息，愈不確定的訊息，愈容易吸引消費者進店。例如說，

你最想去哪兩家店？寫下你的號碼？

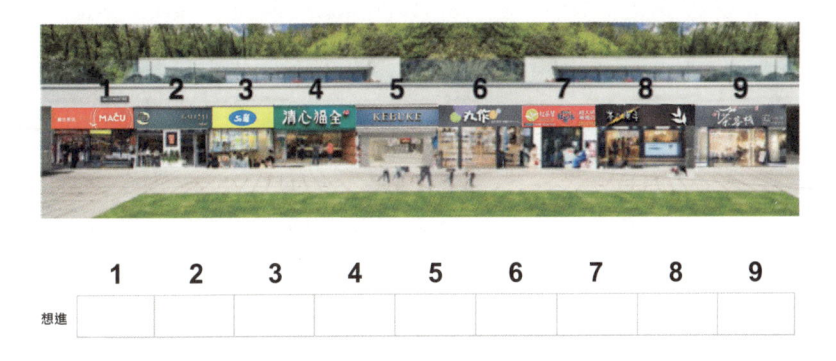

	1	2	3	4	5	6	7	8	9
想進									

第 3 章　洞察，讓企業有所選擇　　97

幾年前爆紅的甜點「髒髒包」，一開始沒聽過，覺得很新奇，會想要進店去看看。或者剛上市的新能源車，以前沒看過，在購物中心閒逛時看到一樓有展示，就進去看看。

相反的，東西愈不熵，消費者愈確定的，吸引進店的力量就小了。例如菠蘿麵包，台灣有誰不知道是什麼呢？這麼明確的東西，一定是有需要才去買，一般情況沒有人會被菠蘿麵包吸引進店。再或者說傳統的燃油汽車，誰會沒事會突然跑進展示中心，也是有需要才會進店。

很多傳統企業或老品牌有進店的問題，就是你的產品已經沒有熵值了。所以在進店這個維度，我們要如何用高熵訊息去吸引消費者進店呢？用大白話講，就是酷炫的、意義豐富的、涉及多重感官的資訊。

高熵訊息通常非常吸引人的好奇心「這是啥？」，或者非常新奇「哇賽！」，讓人不自覺地多看兩眼。相反的，沒有熵值的訊息，溝通效率是很低的。

第 97 頁是幾張每日黑巧「鮮萃黑巧」的包裝，黑色三角形印記從頭到尾一致性的不斷累加。我們來仔細檢查每日黑巧這個產品，總共用上了幾種印記呢？

1. **顏色** | 黑色與黃色
2. **形狀** | 三角形

3. Logo｜每日黑巧（字很大、很清楚）
4. 特別的產品外觀｜三角形的黑巧克力
5. 高熵產品名｜鮮萃黑巧
6. 高熵訊息｜第四代巧克力提純技術 SCe4

　　這是一款完全按照十大印記去打造的爆款商品，從裡到外，連外箱也是。聖誕節、電競活動贊助，全部都圍繞著黑色三角形。「印記要疊加」，再外加一個高熵訊息「第四代巧克力提純技術 SCe4」，系統一加系統二，每一個設計發力，都建立在十大印記之上。「鮮萃黑巧」上市第一個月，單包產品就賣破人民幣千萬元。

　　這一章講的是洞察，所以在「進店」這個維度我們要洞察什麼呢？就是這三點：

☑ 風在哪裡？
☑ 印記在哪裡？
☑ 熵在哪裡？

　　風吹印記拉增量，在進店率這個維度，請熟記這個口訣，要把風吹起來，要留下印記。消費者進了店，沒買沒有關係，沒有留下印記才是大問題。

轉化率，最怕「沒有透傳」

消費者被你拉進店了，為什麼不買？在轉化這個維度做洞察，我們要針對這三個重點追問下去：

☑ 障礙在哪裡？
☑ 美在哪裡？
☑ 首單體驗

在轉化這個維度，「<u>放大你的美</u>」，和「<u>降低選擇障礙</u>」，是最最重要的兩個洞察，我無法再更強調有多重要了。障礙必須移除，然後你的美透過「首單體驗」去放大，轉化率才會高。客人進店後流失，一定是因為你的美沒有透傳，消費者 get 不到，所以不買。

再講得更清楚一點，只要有障礙阻擋，再美都傳不過去的。因為人一定是先避損，後趨利。美沒有放大，美沒有透傳，客人當然不會被轉化。

我來分享一個真觀顧問的洞察案例，女性內衣品牌 ubras。在中國號稱有三千多個內衣品牌在市場競爭的情況下，ubras 以「無尺碼內衣」成功進行品類突圍，2021 年營業收入為人民幣 35 億元，是貨真價實的賽道王者。

ubras 找到真觀顧問做洞察，我們來看這位小黑（不愛你的）是怎麼說的：

Q：請問妳為什麼不買 ubras？

A：因為我怕 ubras 這種無尺碼內衣就是真的舒適到你胸部外擴都不知道，最怕這種很尷尬的時候。所以不容易嘗試這一款。

Q：妳怎麼知道 ubras 穿起來會外擴？

第 3 章　洞察，讓企業有所選擇　101

A：我猜的。因為我穿 Nike 運動內衣就發現自己胸部部分露在外面，露出來全被人家看到。

我們可以從這段小黑的採訪，收穫到什麼？消費者不買的障礙是什麼？在這裡可以抓出來的關鍵詞是「怕胸部外擴」。無尺碼內衣這個品類，材質柔軟，舒適有彈性，是一種無鋼圈固定的胸衣設計，但同時因為物理特性讓女性消費者、尤其是慣穿有鋼圈胸罩的女生，會形成一個隱含假設：無尺碼內衣缺乏固定會導致胸型不好看，僅適合胸部沒那麼大的女生穿。這就是消費者不買的障礙。

請看第 101 頁上方那兩張 ubras 在天貓旗艦店的截圖，都是精準回應小黑對於「障礙」的回饋。怕胸型不好看是吧？以為只有小胸能穿嗎？「向上撐、美美挺胸」、「立體聚攏」、「防下垂，托到 F 杯」，字型放大、粗體加黑。而且不止是產品命名而已，而是從最上方一層的產品分類就切入了，和消費者溝通的路徑非常短、非常快速，所有針對產品的疑惑和障礙在第一層就給你直接處理掉。

再看第 101 頁圖上「第 8 代無尺碼」的清楚標示，完全無需解釋，一眼即知這是最新款。這款產品的老客戶很容易就能對標找進來，「我之前買的是第 4 代，現在第 8

十大障礙

小白	小黑
1. 沒看懂	6. 不用換
2. 沒法選	7. 不信你
3. 沒預算	8. 不專業
4. 沒興趣	9. 不高級
5. 沒人推	10. 不合適

代,剛好該換一批內衣了」,秒懂,她就會一買再買。

　　這個「第 8 代無尺碼」的標示,和每日黑巧「第 4 代提純技術」,都是同理可證。用數字 1234 的往前推進去表達技術更新迭代,對非英文母語的人來說,肯定是比 X、T、S、Y 這種標示系列方式更加直覺吧。

轉化的十大障礙

　　客人進店之後之所以沒有辦法買,我幫大家整理好了以上這十個主要障礙。左邊這一欄比較偏小白,新客人。你去問小白他為什麼不買?最常聽到的回答就是「看不

懂」、「不知道怎麼選」、「太貴了」、「沒聽過這牌子，沒什麼人提」。

　　右邊這一欄，你們一看就知道是小黑會講的話，小黑是你競品的愛好者，你問他為什麼就是不買？大概率就會聽到「這東西好醜」、「我現在用的這個還很好用，先不用換」、「不是我會用的東西」、「看起來很 low」、「不專業」之類的。

首單體驗六問

　　在轉化這個維度的第三個探詢重點，就是首單體驗。客戶進店後，經由降低選擇障礙，放大你的美，順利地轉化，掏出錢買了，這個關鍵時刻是這位客戶生平第一次買了你的產品，這就是「首單體驗」。一個美好的首單體驗，值了，客戶才會一買再買，為複購做鋪墊。一個糟糕的首單體驗，一切嘎然而止，首單即終單，從此沒有以後了。

　　設計首單體驗時，我們很有必要釐清以下六個問題：

1. 風吹的是你要交付的首單體驗嗎？
2. 拿什麼產品交付，峰值在哪裡？
3. 低谷有滅掉嗎？不然首單即終單

4. 植入什麼心智?印記在哪裡?
5. 產生什麼行為?接下來該買什麼?
6. 你只能有一種首單體驗嗎?

我最想提醒的是第六題——你只能有一種首單體驗嗎?當然不只。我們最起碼就可以針對從來沒有用過你的、沒愛過你的小白,設計一種首單體驗,並且針對使用競爭對手產品的、不愛你的小黑再設計一種首單體驗。小白跟小黑的首單體驗是你最需要打造的體驗,因為這是你的增量市場。品牌要擴張必須得做出增量市場。

但是用膝蓋想也知道,小白和小黑會需要的首單體驗,怎麼可能會一樣。小白從來沒有接觸過你的品牌,從沒用過你的產品,他會需要比較多的教育引導。但小黑可不見得是不懂的人,他有用過類似的產品,只是用的是你死對頭的產品。可惜現在很多企業的問題就是一視同仁,搞得首單即終單。客戶買一次就不買了,你就是在陪跑。

複購率，最怕「沒有差異」

到了複購率這個維度，我們要洞察什麼呢？
- ☑ 值在哪裡？
- ☑ 低谷在哪？
- ☑ 七大情緒

分享一個真觀顧問執行過的案例。手搖茶飲不管在台灣或中國大陸都是百花齊放、極度競爭的市場。「滬上阿姨」茶飲品牌早期以一款上海特色的「現煮五穀茶飲」打下江山，2019年轉型提供現做新鮮水果茶。做市場研究時，我們找來一群「小黑」進行焦點團體座談，前半段訪談中發現這群從未喝過滬上阿姨的消費者各種「裝」：

某小姐：「我經常聽說他們楊枝甘露好喝，但我還是不想去買。因為覺得沒特色。其他家的也好喝啊，我怎麼知道，你這個更好喝？」

這裡講的消費者各種「裝」，指的是我前面提過的「**消費者十裝**」。喝奶茶有什麼好裝的呢？要知道，人購買任何產品的消費行為，產品都只是載體，在說明「我是誰」。

一杯定價人民幣 50 元（折合新台幣 200 多元）的喜茶為何讓人趨之若鶩？這溢價來自於喜茶能讓人裝起來。

在我們的訪談中，消費者不斷強調她只喝喜茶，「精緻的外觀，高貴的價格」，她只認同喜茶的高端形象，沒有任何其他品牌會讓她轉單。在焦點團體座談會進行到一半，我們同時端上滬上阿姨四種不同口味的茶飲讓消費者進行盲測。結果，前面還非常堅持只喝喜茶的同一位受訪者，在喝了滬上阿姨的楊枝甘露後說：

> 某小姐：「我覺得，你們就應該去平替掉喜茶，口感跟喜茶一模一樣，還便宜 10 塊錢。用料很好，吃的也放心，但不像喜茶這麼貴。沒喝不知道，喝過以後有煥然一新的感覺。」

你看看，同一位消費者，第一次喝這個品牌茶飲，這個首單體驗如此衝擊！試喝前和試喝後講的話，判若兩人。但這對競爭品牌來說是什麼警訊呢？就是如果**產品用了之後，毫無差異**，那就是被**平替**（平價替代）的時候。消費者如果很難區分產品有何不同時，競品就會用更便宜的價錢去取代你。

複購的十個值了時刻

如果希望消費者一買再買,一定要讓他覺得值了。所以有哪些操作手法能夠讓消費者大大地覺得值了呢?

第一個值了,**七情愈多即愈值**。要跟馬斯洛的動機七情走,滿足愈多的動機需求愈能讓人感覺值了。舉例,能讓我感覺快樂,又能讓我裝起來,我立刻就覺得值了。

第二個值了的時刻,**馬上享受**。這重不重要?我們前面提過的晨起趕上班時的那一杯咖啡,最重要的交付就是要快。其實對現在社會很多餐廳來說,「快」都很重要。再高級的餐廳,客人一坐下來就是先上水、麵包,甚至再給幾樣免費小菜,為什麼?就是讓你們盡快吃到點什麼。

很多人在做體驗設計時就常掉進誤區,追求什麼儀式感,跪式服務,都沒有搞清楚現代消費者就是愈來愈快,愈來愈沒耐性。我就親眼目睹過那種不知道米其林幾星的餐廳上餐後,服務生在旁邊唸這蔬菜哪位老農種的、魚產自哪條河域,結果客人當場請他離開,別再講了的事。

交付速度已經逐漸和價錢一樣,成為評估商品或服務值不值的主流價值觀之一。

現代消費者對於時效性、快節奏的要求是不可逆的;

十個值了時刻

七情	愈多即愈值	**交付**	問題被解決
即時	馬上即享受	**先知**	省心被安排
符合	所見即所得	**高頻**	穩定才有感
逆轉	低谷變峰值	**低頻**	剛需才加值
打破	預期被打破	**變頻**	場景超多元

看影片要 1.5 倍速快轉，聽新聞要懶人包，舊手機複製資料去新手機要一鍵搬移，連 K-POP 歌曲都已經少於三分鐘，甚至很多歌曲都是「沒有前奏、0秒進歌」，直接以「副歌」開頭。 整個世界持續在加速中，只會愈來愈快，企業必須認真思考把「快」當成主要「交付」之一，好好去滿足消費者。

第三個值了的時刻，就是<u>所見即所得</u>。其實左邊這一欄上面列的，你反過來做，統統都是死亡低谷。譬如說所見非所得好了，直接原地完蛋。例如說馬上即享受，你一旦超過這個時間點他立刻就不爽，這個對速度的心理預期，你一點辦法都沒有。

再來講第四個值了的時刻，講的就是「**逆轉**」，**低谷變峰值**。我在《峰1》裡講過一個我在飛機上遺失耳機的故事，旅途中，旅客東西遺失是高頻發生的低谷事件，但如果航空公司能提前預判旅客這些低谷，並把握這個關鍵時刻加以完善處理，就是低谷變峰值的絕佳示範。事實上小黑經歷過競品的低谷就是我們的大機會，如果我們能將之逆轉，就是創造峰值的大好時刻。

預期被打破（打破）、問題被解決（交付）、省心被安排（先知），這三個講的都是「貨」邏輯，就是 JTBD 理論提到過的，每個消費者都有個任務或問題待解決；當他的問題被解決，就會覺得你專業。消費者為什麼會找你呢？正因為你非常理解他，幫他完整想好了。為什麼會覺得專業？因為你降低了他的各種障礙，甚至超越了他的期待，讓他覺得很簡單。這樣他就會覺得找你真的很值。

第八個值了的時刻，「**高頻，穩定才有感**」，意思就是要讓消費者有感，最好是高頻事件。就是常常要買、常常要用到的事情或東西，如果你能持續的、穩定的、一致的交付，消費者就會覺得值了。高頻穩定交付，品牌的分發效率高，讓消費者到處都能方便的買到拿到，而且交付的都是品質一樣的東西，這就是值了的關鍵。

第九個值了的時刻，「**低頻，剛需才加值**」，我用一個例子來說明。最近我們在做 MR.LIVING 居家先生這個品牌的洞察，它們有一張桌子，收起來的時候是四人桌，但如果有朋友來家裡面做客時，這桌子一拉開就可以成為八人桌。很多人聽到這裡一秒鐘就覺得我可能會用得到。

在小家庭裡八個人一起用一張桌子，這真的不是常常會發生的事，這就算是低頻事件；但是不是剛需？是，總是有可能會有客人上門。過年的時候親戚朋友來，立刻用得到。所以如果我們賣的是低頻產品，最好確保是它具備剛需的功能，如果既不是剛需，又很低頻，那這個產品肯定很難讓消費者覺得值了。

最後一個值了的時刻，叫做「**變頻，場景多元化**」。意思就是我這雙鞋子上班能穿，運動也能穿；這衣服工作場所能穿，派對也能穿；只要人、貨、場交互的地方愈多，就會讓消費者覺得愈值。

舉個例子，我的客戶女性流行服裝品牌 SO NICE，最近出了一款「美白冰紗衣」。防曬，這是高頻還低頻需求？在台灣你跟任何一個女生講衣服能防曬，她馬上眼睛先睜大一倍。而且這款產品的取名叫做「美白」，完全符合第一性。

再來，這款「美白冰紗衣」首批設定為內搭單品，黑藍白灰這些基本色出得非常齊全，請問衣服的內搭算是高頻還是低頻？當然是高頻，每天都要穿的，且多場景都可以百搭，而且就賣 580 元一件，又涼感，又防曬，一上市很多消費者都直接包款包色，馬上成爆品！

多頻場景，像是抖音、YouTube、臉書、喜馬拉雅 App，都是多場景提供多元服務。想放鬆時也可以看，想學習知識也能用，聽書、追劇，甚至透過平台聯繫朋友都行，這就是各種場景我都在。一件衣服上班也可以穿，下班約會也可以穿，這件衣服就超值，這就是「場」邏輯。當品牌朝著消費者高頻、場景全方位都存在時，變頻、多元同時都用上，他一定會覺得非常值。

關鍵時刻　關鍵思維

高頻，穩定才有感；
低頻，剛需才加值；
變頻，場景多元化。

推薦率,最怕「沒有故事」

到了推薦率這個維度,我們需要洞察什麼呢?我的建議是聚焦這三個重點:
- ☑ 十裝在哪裡?
- ☑ 大V在哪?
- ☑ 品牌個性

消費者十裝、大V、品牌個性,前面的內容都已分別說明過了,這裡不再重複。以上所有內容,我幫大家總結成為下頁這張圖表。

進店和轉化,做的是增量市場,消費者都是首單、第一次和品牌往來。進店要用十大印記,轉化要移除十大障礙。到了複購和推薦,做的是存量市場,老客戶,這些人已經都買過你的東西了。在複購時我們要用十個值了,讓消費者願意一買再買;用消費者十裝,讓他們裝起來,讓使用者變成傳播者,才會一傳千里。

十大印記、十大障礙、十個值了、十裝。請大家務必記住,隨時用起來。(第114頁)

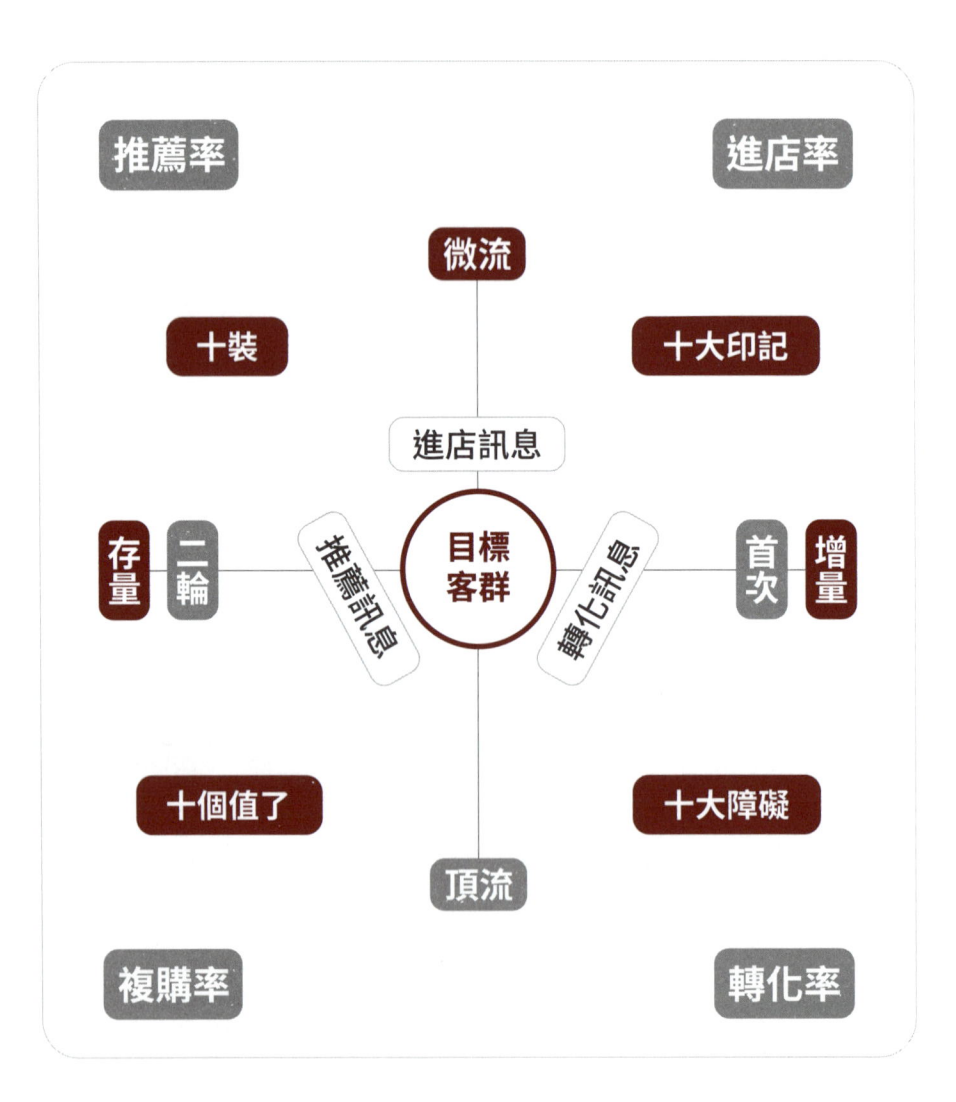

```
                    推薦率                              進店率

                              微流

              十裝                          十大印記

                           進店訊息

                              ┌──────┐
       存量  二輪      推薦訊息 │ 目標 │ 轉化訊息   首次  增量
                              │ 客群 │
                              └──────┘

              十個值了                        十大障礙

                              頂流

                    複購率                              轉化率
```

114　峰值體驗 2

如何利用洞察，
挖出 300 個關鍵時刻 MOT？

Step1 ｜問誰

洞察的第一個動作，就是找誰來訪問。簡單講就是四種人，愛你的（小紅）、不愛你的（小黑）、愛過你的（紅轉黑）、以及未曾愛過你的（小白）。這四種人可以作為市場研究的起點，快速切入，得到洞見。

Step2 ｜ 28 題挖出 MOT

找到四種人來問，分別要問什麼問題呢？我給大家歸納了以下問題列表，這是我們真觀顧問實際在執行洞察研究時，真實會問的問題。這些題目在《峰 1》出版之後，又經過反覆淬煉、校準，已經在當時提出的問題架構上做了迭代更新，我認為更直接，更準確。

請容許我再度提醒各位，題目列表就是參考，不是規定。如果您有明確問題需要探討，當然具體目標、具體回答為佳。但如果是洞察小白，不知從何著手的，這不失為一個題庫，方便快速切入。

挖出「進店率」MOT 的問題	1. 你當初怎麼知道這個品牌的？
	2. 你買東西會看什麼平台？臉書、IG、YouTube、抖音、小紅書？
	3. 這個店面看起來覺得如何？會想進嗎？
	4. 當初是誰跟你提的這個品牌？他是怎麼說的？
	5. 你為什麼不再關注這個品牌，你覺得他是？
	6. 當初對這個品牌感興趣，是因為哪些內容吸引你？
	7. 競爭對手的品牌是怎麼吸引你的？
挖出「轉化率」MOT 的問題	1. 你當初為什麼想買？買來做什麼？
	2. 買的時候，你比過哪些品牌？你都怎麼比？
	3. 你平常怎麼做功課的，去哪裡找資訊呢？
	4. 你一般都在哪裡買？線上還是線下？為什麼？
	5. 你覺得店裡業務人員如何？線上網頁的說明清楚嗎？
	6. 你最後為什麼買這個品牌？覺得這個品牌美在哪裡？
	7. 你最後為什麼買那個品牌？覺得其他品牌有什麼問題嗎？

挖出「複購率」MOT 的問題	1. 你為什麼會一直買這個品牌,你覺得值在哪裡?
	2. 你最常使用的場景為何?
	3. 這個品牌除了買這個產品,還買過其他哪些產品?
	4. 你為什麼買一次就不再買了?低谷在哪裡?
	5. 你現在買了哪一個品牌,你覺得不一樣在哪裡?
	6. 你覺得這個品牌的售後服務如何?
	7. 你對這個品牌有沒有什麼建議?
挖出「推薦率」MOT 的問題	1. 這個品牌你推薦過給朋友嗎?會是哪些朋友呢?
	2. 你覺得這個品牌會員系統如何?你清楚嗎?
	3. 你買過後,跟這個品牌有互動嗎?線下活動、線上社群?
	4. 你覺得這個品牌的社群氛圍如何?
	5. 你覺得這個品牌都是誰在用?
	6. 臉書、IG、YouTube、抖音、小紅書,是怎麼說這個品牌的?
	7. 對這個品牌,你曾經留言,拍照,視頻分享過嗎?

Step3 ｜挖出一卡車的詞

挖出關聯詞最好用的第一句話，就是問受訪消費者：「可以給我三個形容詞形容這個品牌嗎？為什麼會這樣形容呢？」這個在《峰1》已經講過，不再贅述。

各位可以多留意，最先從消費者嘴裡迸出的詞，通常就是品牌的印記。不管是形容詞還是名詞，或是 Logo，這些都是印記。例如說你問消費者想到 APPLE 蘋果電腦想到什麼？聰明。特斯拉（Tesla）汽車呢？可能會想到馬斯克。這些都說明在消費者心目中已存在的強烈印記。

做品牌的終局就是你的辨識度，品牌，要能幫助消費者往自己身上貼標籤。人都想要被看見，產品、品牌、符號，都只是載體而已，消費者用這些東西的重點還是在於表達「我是誰」。因此品牌有沒有辦法幫助消費者，讓別人一眼即知你是誰就成為關鍵。

> **關鍵時刻 ～ 關鍵思維**
>
> 做品牌的終局就是你的辨識度，
> 品牌，要能幫助消費者往自己身上貼標籤。

至於如何挖出一卡車的詞？標籤怎麼找？詞怎麼聯想？除了訪談消費者時的第一印象或第一句話之外，還是要回到第一性思維。

很多人做洞察時從來沒有根據「人、貨、場」去問，提到咖啡的詞，只想得到又「香」又「濃」，那「快」重不重要？早上那杯咖啡重不重要？沒有從情緒和場景去切入，當然你訪談不出來那些詞。

詞窮，是很多企業的最大問題。為什麼會詞窮，正是因為只有「貨」思維。沒有「人」與「場」思維，只用貨的角度去想，就會變成跟競爭對手一模一樣，巧克力的形容詞只會講「好吃」，衣服只會講「好看」，所有形容詞都一樣，沒有差異化，沒有印記，當然沒搞頭。

那麼要如何去擴大詞庫，避免詞窮呢？以下八點超級重要。好好利用這八點可以幫助你在訪談消費者時，挖出一卡車的詞：

1. 第一性的詞：人、貨、場的詞
2. 怎麼形容你：客戶想到你就想到哪些詞？尤其是高淨值人群
3. 怎麼形容對手：客戶想到競爭對手，想到哪些詞？
4. 缺哪個維度：如果你需要進店，或需要轉化，那個

詞是什麼？

5. **美是哪個詞**：放大你的美，那個美是什麼？對不愛你的人（小黑）來說，障礙是什麼詞？
6. 「**高熵**」的詞、「**高信息增益**」的詞
7. 什麼是「**值了**」的詞
8. 那些寫下來的 MOT，體現的是什麼詞？

在這裡有兩個關鍵詞，高熵，高信息增益。

高熵指那些資訊量龐大、不確定性很高的狀態；高信息增益指的則是確定性高的訊息。後面章節還會再展開細講，這邊請各位先記住這兩個概念即可。

Step4 ｜進行訪談

要籌備好一場焦點團體座談會（FGD，Focus Group Discussion），或者是一對一深入訪談（One-on-one in-depth Interview），主持人（moderator）是最重要的角色。企業可以委託市調公司內有經驗的主持人，不過我更加建議企業內的行銷人員自己練習操作。因為訪談不可能會一次到位，公司總是要學著自己來的。

一位優秀的主持人，會認真做好事前準備功課。主持人會善用認同的姿態去隱性的鼓勵受訪者多講；包括主持人的身體姿勢、語氣、表情，都要能讓受訪者放鬆。受訪者一定要放鬆了他才會進入系統一，才會講真話。我們千萬不要去啟動受訪者的系統二。

　　主持人請一定要記得：

1. 這是聊天，不是拷問

題目設計很重要。不要把顧客當顧問，例如問他們產品要怎麼改，或是品牌訊息怎麼寫。如果都是這種系統二的題目，那顧客還真會把自己當做顧問來回答，那就不是消費者訪談了。

2. 弄髒之前先把重要問題問完

尤其是焦點團體座談會，受訪者之間彼此會互相影響，看氣氛回答等等，所以最重要的題目一開始就要先問，不然消費者互相影響後，後面的回答可能都已經受到汙染了，會有誤導、誤判的可能。有經驗的主持人會善用小黑板或小簿子，讓消費者各自填答之後再出示，以避免干擾。

3. 要追問

永遠要記得受訪者說過什麼，要往下追，有必要時，要反覆確認他的答案是否前後一致。

4. 不要引導回答

但太發散時要拉回主題，該打斷時還是要打斷。

再來就是怎麼找受訪者。我建議找專業的市調公司幫忙找人，你把受訪者條件開出來，請市調公司佈線出去，找到人之後再進行嚴格的甄別過濾。受訪者的品質是消費者洞察研究的關鍵，畢竟這是質化研究不是量化，所以要非常慎重決定你招募的受訪者條件。

如果是招募自己品牌的「小紅」或「紅轉黑」，可利用會員資料庫，針對受訪者條件去篩選出合格受訪者，再請客服人員或者和顧客有交情的業務同仁去邀請消費者參與訪談。記得要說明清楚執行的時間、地點，訪談時長，並溝通好訪談禮金或禮品。但如果是招募不愛你的「小黑」或「小白」時，我還有一個額外的提醒，就是不論是招募受訪者、篩選或者執行訪談，都不建議暴露出自身品牌，最好可以第三方名義來操作。原因一方面是降低受訪者的

戒心,避免他們因為有所顧忌而給出不真實的答案,另一方面也不要讓競爭品牌注意到你正在訪談他們的消費者。

最後建議大家,執行消費者研究,進會議室進行訪談前,就該**先把假設做好**。這場訪談你想得到什麼答案呢?你有沒有已經假定好你的美是什麼再去加以確認?消費者目前最大的障礙是什麼?你心裡是否有譜?甚至公司如果已經有產品設計雛形或草案,都很適合準備好拿來測試。

很多企業在做消費者訪談時,根本就沒有任何假設,就是進去空問,這樣的訪談根本就不會有結果。而且我覺得這樣執行真的好可惜,消費者都找來了,弄一場焦點團體座談會可不容易,怎麼不好好挖寶呢?

一般而言我們做洞察,一定會至少針對以下六大方向,做完全部的事前研究工作並形成假設之後,才展開實際消費者訪談:

1. 增量怎麼做?
2. 存量怎麼做?
3. 我到底美在那裡?
4. 消費者的障礙在哪裡?
5. 消費者的心智被什麼佔據?
6. 找到你的盲區與誤區

也就是說，消費者是被找來求證用的。

「我推測是這樣，果然如此。」

「是不是卡在這裡？」

「我之後打算這樣幹，可行嗎？」

內心先設定這樣的假設，然後透過訪談設計去加以驗證。即使假設的答案行不通，也能得到第一手的回饋，以便找出修正方向。

我們為企業執行消費者洞察研究時，一定會要求老闆帶著重要成員一起參與。這個過程是凝聚企業共識很好的平台，因為親眼目睹真實訪談的衝擊力，往往能瞬間拉齊企業內部認知。以消費者所發表的意見作為共同討論基礎，企業對於接下來的修改方向會有更好的能見度。我很推薦企業可以將執行消費者訪談的能力內化，並鼓勵更多員工一起參與。

切記，我們不要企圖使用系統二的題目，去期待消費者給我們系統一的答案。這 28 題題目沒有必要照順序一題一題問下去，企業要根據測重點，去權衡問題的比重。再說一次，**不要把顧客當顧問**，我們要的就是他直覺又真誠的反應，原始、模糊或粗糙都可能是對的，甚至未加工的第一回答，最好。

挖出 MOT 的五步驟

Step 1	問誰	四種人
Step 2	挖 MOT	28 題
Step 3	挖詞	第一句話、第一性
Step 4	進行訪談	4 場 FGD
Step 5	寫下 MOT 與詞	300 個 MOT 與詞

Step5｜寫下 MOT 與詞

做完洞察，請開始展開 MOT 的撰寫。

以上表格裡說，要寫下 300 個 MOT，這個數字只是用來形容數量愈多愈好。你就放開來盡量寫吧，總要先有足夠多的關鍵時刻 MOT，你才有選項。

洞察 i 畫布

在《峰 2》這本書中，這張畫布是其中一個關鍵交付，也是峰值體驗系統的四大框架模型之一，非常重要。

「洞察 i 畫布」是把洞察在四大維度的 12 個洞察點

推薦率	洞察 i 畫布	
21. 推薦的 MOT	19. 有哪些大 V？	20. 擬人標籤：28 個品牌個性標籤
	18. 消費者裝什麼？十裝	**5. 小紅的詞**
		1. 第一性
17. 複購的 MOT	16. 消費者動機：七大底層情緒	**4. 紅轉黑的詞**
	15. 買一次不買的低谷在哪裡？	14. 消費者什麼時候覺得值了？十值
複購率		

		進店率
6. 吹哪種風？六種風	7. 疊加哪個印記？十大印記	9. 進店的 MOT
2. 小白的詞	8. 高熵訊息 vs. 高信息增益	
3. 小黑的詞	10. 消費者的角色：十大障礙在哪裡	13. 轉化的 MOT
12. 首單體驗如何？	11. 美在哪裡？拿什麼產品交付？	轉化率

第 3 章　洞察，讓企業有所選擇　127

和底層邏輯，歸納成為一張畫布，英文字母 i 正是代表 insight，洞見、洞察之意。

「洞察 i 畫布」是一個戰略底層邏輯檢查表，用來提醒我們把步驟做確實了，不要遺漏。在洞察時，這是必須一定要交付的答案。做洞察時請一定要利用這個框架去訪談，再把答案逐一填在畫布上面。如果訪談結束，這張畫布沒有填滿，那這個訪談就不具戰略意義。

小結

作為這一章的小結，請讓我們互相提醒，**峰值體驗的核心，就是效率**。一堆 290 無效功，抵不了一個峰值，這就是**選擇大於努力**的深刻意義。但是，你有選擇嗎？你有沒有提供你的企業足夠多的選項？

洞察這一章，就是期待各位能擁有不同的視角。訪談四種人，運用底層邏輯，挖出 300 個 MOT。

現在商業環境的主軸基調，就是瞬息萬變。小白沒那麼白，紅黑轉來轉去，大紅、大黑主導了風向輿論。你真正該擔心的，是現在愛你的人，明天還會愛你嗎？愛過你的人，是不是愈來愈多？甚至是，恨你的人愈來愈多？

企業最煩的就是,愛你的,不是你的最愛。大紅只在大促時候買,小紅甚至不促銷不買。是啊,他們很愛你的品牌和你的產品,但企業光靠這些用促銷買來的熱愛,能賺錢嗎?小紅、小黑、紅轉黑、小白,不同的人想的不一樣,甚至同一個人在不同的時刻,想的也不一樣。企業抱怨自己沒路走,可能因為正是看自己的角度永遠不對,視角也不夠。關鍵時刻的洞察,是企業「讓自己有所選擇」的第一步。

關鍵時刻 關鍵思維

12 個洞察點:
沒有印記:風在哪裡,印記在哪,熵在哪裡
沒有透傳:障礙在哪,美在哪裡,首單體驗
沒有差異:值在哪裡,低谷在哪,七大情緒
沒有故事:十裝在哪,大 V 在哪,品牌個性

CHAPTER 4

做品牌就是要
把自己變成錨

　　在《峰1》書裡曾經為各位介紹過十大行為經濟學定律，來自於諾貝爾經濟學獎得主丹尼爾‧康納曼所提出的自我損耗、促發效應、認知放鬆、前景理論、錨定效應、計畫謬誤、框架效應、確認偏誤、稟賦效應、心理帳戶。在這裡我想針對錨定效應（Anchoring Effect）展開說說。

　　錨定，也是認知偏差的一種。講的是人們在做決定時，會受到第一時間所取得的片段資料影響。這個第一印象，可以稱為參照點（reference point），也就是「錨」。

　　錨定效應，是行銷上的基本款操作，可以說幾乎所有的定價策略，都要經過錨定處理應不為過。例如在賣場裡常見的原價 299 元、然後用粗筆打一個大叉叉，寫上特價

99 元的促銷海報，就是典型應用。在這個例子裡 299 元就是錨，參照點，用來對比 99 元有夠便宜。

落地解碼，植入人心；
「錨」是一切事物參照點

講一個鑽石之王海瑞‧溫斯頓（Harry Winston）賣黑珍珠的故事。

在 1973 年以前黑珍珠並不值錢，溫斯頓先是把黑珍珠放在紐約第五大道珠寶店的櫥窗裡展示，標了個嚇人天價，並且在黑珍珠旁放了頂級鑽石珠寶一起陳列。然後他在當時最夯的時尚雜誌刊登跨頁廣告，廣告中間 C 位放的正是黑珍珠，鑽石和紅寶石環繞一旁。溫斯頓這一手，讓原本賣不掉的黑珍珠頓時成為貴婦名媛追捧的夢幻逸品。

這個故事告訴我們什麼？一個從未買過你產品的市場小白，一旦遇到沒聽過、不認識的物件，他是沒有辦法評估價值的；你必須給他一個標的去對價。在這個故事裡，鑽石就是錨。貴婦不認識黑珍珠沒關係啊，她總買過鑽石、買過紅寶綠寶，她們可是很清楚鑽石行情的，這就是很經典的錨定操作。

這個故事深具啟發的一個重點就是，這個錨本身的價值是否合理，無關緊要；重點是只要消費者能接受這個暗示，就是好錨。

錨 + 促發效應 = 快速進入心智

促發效應（Priming Effect），也稱為啟動效應，意思是當人們大腦收到某個外部訊息的刺激，會激發我們將既存的記憶與經驗做立刻的連結，潛意識的影響我們的感受與行動。促發的發生是由於大腦儲存長期記憶時，會將資訊進行分組，因此當我們被一個訊息（詞彙、符號、圖片）刺激時，同一組的資訊會被一起喚起。

我們所有的認知經驗都會受到促發的影響，幫助我們在散亂又匆忙的世界裡快速做出決定。老實說這些決定未必都是最好、最正確的，畢竟促發效應被我們過去的情緒、感受與經驗所侷限，但這就是大腦系統一的運作原理，系統一會走捷徑，它省力，且自動運行。

所以對品牌經營者來說，最大的意義，就是要洞察消費者對於「關鍵詞」的聯想，利用「錨」去促發效應，讓訊息進入消費者心智。

十五錨

十裝	材質	場景
情緒	歷史	銷量
大V	產地	評分
角色	工藝	排行榜
BTA	零	類目

以上這十五錨，對品牌來說是很好的參照點，能有效率地激發消費者聯想，讓他們對號入座。

十五錨加速決策，「人、貨、場」各有各的錨

「顧客不是想要佔便宜，他們是要有一種佔了便宜的感覺」，這句話準確地描述了一種消費者的心態。消費者想要滿足的，是一種底層情緒需求，例如顯得我很懂，很內行，總是走在潮流尖端，想感覺自信，能掌握一切，想做出正確決定等等。所以錨如果擺對地方，就能悄然無聲地呼應他們的情緒。

讓我舉幾個例子說明吧。美鳳姐代言的鳳凰電波，以及孫藝珍代言的膠原蛋白，就是用上了「大V」、「圈層」、「時尚」（消費者十裝）三個錨，是很直截了當的一種形象認同投射。

「喜歡嗎？爸爸買給你！」這支樂透彩廣告，放置的就是父子「角色」與「情緒」（愛與歸屬）這種親情的錨。另外像是「商務人士理想品牌」、「哈佛媽媽教養法」、「小資生活美學」，同樣也是關於「角色」的錨，讓人從社會立場上很方便地去對標。

BTA（Brand Target Audience）是品牌最先鎖定的第一批目標消費者，例如羊奶粉要賣給那些孩子喝牛奶過敏的媽媽們，她們就是錨。十五錨裡的十裝、情緒、大V、角色、BTA（左欄），都是人、貨、場裡關於「人」的錨。

至於材質、歷史、產地、工藝、零（中間欄），就是人、貨、場裡「貨」的錨。例如法國礦泉水 Evian「產自阿爾卑斯山山腳下、日內瓦湖南岸，名為 Evian-les-Basin 小鎮的湧泉水源」，這就是產地的錨。

「百分之百天然有機棉，經全球有機紡織品標準認證（The Global Organic Textile Standard，GOTS）」，就是材質的錨。「反覆加壓五十次的團揉工藝烏龍茶」，用的是

十五錨

人	貨	場
十裝	材質	場景
情緒	歷史	銷量
大V	產地	評分
角色	工藝	排行榜
BTA	零	類目

工藝的錨。零又是什麼錨呢？就是零添加、零農藥、零汙染、零加工、零防腐劑、零廢棄物、零碳排放，這些零都是很好的標籤，讓喜好天然、重視環境的人可以對標。

再來說最右邊的直欄，什麼是場景的錨？

「喝咖啡、吃甜食，讓你胃食道逆流了嗎？」就是在說場景。「No.1 國民乳霜」、「百萬銷量經典款」、「外銷日本百萬件」、「冠軍池上白米」、「世界盃咖啡大師嚴選手沖咖啡豆」，都是用上了銷量、排名、品類這一類的錨，這些錨放上去，是不是立刻感覺超厲害的？

這十五錨，分別對應了「人、貨、場」不同標籤。這些關鍵詞就是標籤、定錨，能提供充足的心理暗示和誘餌，去刺激消費者並引發聯想。

標示「冠軍」就顯得厲害；「歐美原裝進口」就暗示高檔貨，「Made in Japan」日本製造品質就是比較好；都賣了「一百萬件」了肯定不會錯，「百年品牌」不會隨便拿信用開玩笑。「孫藝珍也在喝」的膠原蛋白就是美麗時尚，用「APPLE Vision Pro」的就是有錢的前沿科技粉。消費者的自行腦補，就是品牌錨定時希望達到的效果。

錨就是本來就已經存在消費者心智中的隱含假設，有了錨和標籤，就不用解釋。借力使力，好的錨就能幫助消費者加速決策，植入心智。品牌的責任就是要幫消費者去錨定，直接指路給答案。

品牌去操作錨定效應，一定要清楚那個「錨」確有優勢，再把自己的錨定在那邊。錨需要具備足夠的吸引力，以及清晰的定位，和自己品牌要有可類比性。

講到這邊你就可以明白，所謂做品牌，就是要把自己打造成為錨。高奢品牌、知名品牌、強勢品牌、所有你講得出名號的，本身都是大錨。這些錨的擬人性格、氛圍、調性、氣質、甚至社會地位，都是具體又明確的。

同樣是德國車，講到奧迪（Audi）、寶馬（BMW）、賓士（Mercedes-Benz）、富豪（Volve）、或是保時捷（Porsche），你腦海裡是不是馬上出現不同的形象？更不用說德國車、法國車、義大利車給人的感覺完全不一樣。這就是錨，形象立體、明快、直接，不用解釋，就秒懂。

品牌聯名：以錨破圈，進入增量市場

知名品牌自己就是大錨，大錨和大錨聯名，從增量和存量市場的視角去洞察，「我的存量，就是你的增量」，這樣的大錨跨界聯名，就能破圈進入新領地。

以最近一個很猛的三方聯名來說，「OMEGA + Swatch + 史努比」的月相錶，賣翻天，完全一錶難求。OMEGA 接觸到了更廣泛的年輕手錶蒐藏家，Swatch 一舉提高了售價約三倍（此錶官方定價新台幣 9,900 元），史努比奠定這個 IP 在 NASA 的歷史地位，為這次聯名強化了太空科技氛圍。等於是一次聯名，讓三品牌都破圈了。

接下來的章節，我們要說明的是峰值體驗「增量／存量雙增長」模型裡，品牌經營最重要的三大變量，就是選對人、做對事、說對話。

PART 2
三大變量

- 三大變量之一：選對人
- 三大變量之二：做對事
- 三大變量之三：說對話

CHAPTER 5

三大變量之一：
選對人

《峰1》一書裡就已經很明確闡釋過，選對戰場，是一個將軍最重要的職責，將軍要確保在哪個戰場，可以獲得勝利。「選對人」這個品牌經營的第一大變量，行銷學上稱之為選擇目標客戶 TA，根本就是超級大變量，企業最容易犯的錯也是這裡。

我在課堂上常常問學員，你的公司選擇 TA 的戰略思維為何？難道就是因為他會買你嗎？

「愛你的人不是你的最愛」，這些一直買你東西的人，有沒有讓你的品牌賺到複利呢？做品牌沒有創造複利，你做品牌要幹嘛？

在這邊，我們畫一下重點。

選 TA 的思維：
要先在 BTA（Brand Target Audience）獲勝，
再進入 MTA（Master Market Target Audience）。
BTA 能不能幫企業延伸到主戰場產生複利，
就是最重要的戰略思維。

一句話講完，要怎麼選目標客戶 TA？就是這個 TA 能不能幫你延伸到主戰場。如果不能，他對你的戰略價值就低了。但我們要不要這種消費者？當然要。這些一直買一直消費的客人，我們稱他們為 RTA（Revenue TA），這些人會幫你帶來營業額。那些能幫品牌建立知名度的消費者，就是 BTA（Brand TA）。

在增量／存量雙增長的模型下，企業需要 RTA，更需要 BTA，只是做法不一樣。這就是本章最重要的概念。

在《峰 1》和《峰 2》，這兩本書裡 BTA 及 MTA 我用的英文小標略有不同，目標是將其簡化更容易記，核心意義不變：

BTA 品牌目標市場，就是幫你帶來名氣的客戶；
MTA 表達更大的市場目標，也就是主戰場。

洞察很重要的一個目標，就是要找到市場的撕裂口；從這個裂口進入，第一群要攻下來的目標市場，就是你的BTA。把這個BTA打透之後，再延伸到主戰場。

選擇BTA的條件，這裡我們將《峰1》提到的四條件簡化成為以下三條件：

1. BTA 重視的 MOT，我們有優勢能比競品好

我們做BTA的重要目的，就是要使用者變成傳播者；這個MOT我們打得透，美能夠放大，BTA才會覺得值了，到處推薦。

2. BTA 要能倍增，造成跟風

BTA是原生細胞，是種子用戶，具代表性，會裂變能拉新。這個傳播者要能快速倍增，這樣其他人才會跟風。BTA必須是你的好故事，一傳千里。

3. BTA 被滿足後，有足夠的產品讓 BTA 一買再買

選擇BTA是一個非常重要的戰略思維，我們一開始就應該選擇那些**大傳播者**作為目標首選，這些人的傳播效率高，品牌才能快速的一傳千里。BTA一定要能幫你延伸到主戰場，才具有戰略價值。

所以我們對 BTA 足夠瞭解嗎？企業一開始的洞察，我們又多了一個 BTA ／ RTA 視角。但是，BTA 重視的 MOT 為何？要怎麼打透這些 MOT ？

再買 234：
BTA 一買再買的產品佈局

企業花很大力氣把 BTA 做起來，客人愛上你了，但是當他說還要再買時，你卻沒東西賣了。如果你的首單產品又是低頻，就是標準的首單即終單。不用猜，一定完蛋。

後面會提到「四大產品畫布」，消費者進店的時候，你用什麼產品去吸睛？轉化時有沒有流量產品？要讓消費者複購時，什麼產品能帶來利潤？最後，要推薦的時候，你有經典產品能讓人推薦嗎？

企業一開始就要想好「再買 234」是什麼，1 之後的 234 為何？也就是你要拿什麼讓 BTA 一買再買？進店產品、流量產品、利潤產品、經典產品，需要有一波一波推進的計畫。

消費者買家具，就是很經典的「再買 234」。買了沙發之後要買茶几，買了床墊之後想換床架，床架後還有床

BTA 九宮格連連看

年輕	大都市	職位
時尚	有錢	知識分子
KOL	知名企業	尖端科技

年輕	大都市 →	職位
時尚 ↓	有錢	知識分子
KOL	知名企業 →	尖端科技

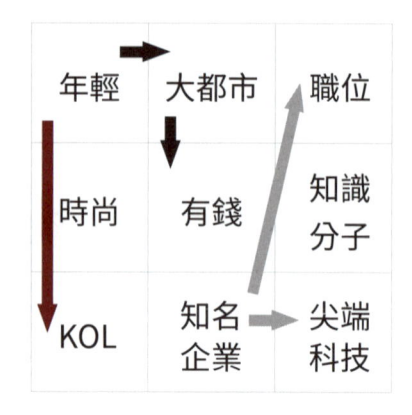

頭櫃……這種一連串的「再買234」,如果你只有沙發能賣,他就只能去找別人買茶几,那就是白白幫別人做球。

BTA 九宮格,找到你的大傳播者

以上這個 BTA 九宮格,提供大家在設定 BTA 時能有更多的靈感。這九宮格裡面的條件,都具有高度影響力,具有快速裂變的潛力。

這九宮格怎麼用呢?要把裡面這九個條件連連看,連起來多的,就是非常棒的 BTA。舉例:

住紐約的富二代,就是黑色連線(→)

開特斯拉的專業經理人,就是灰色連線(→)

22歲的美妝博主,就是紅色連線(→)。

把這些條件組合起來,就是超正確的BTA、超好的目標客群。就選擇BTA來說,以延伸與裂變,影響力為思維核心,年輕人比老人、都市比鄉村、有錢比沒錢的,更具有戰略效益。這和年齡歧視或階級無關,而是考慮資訊的傳遞以及影響力的散播效率。**品牌的戰略思維就是效率與複利**,誰能迅速把風吹起來,而誰又能讓跟風的變多,是選BTA的評估重點。

就拿年紀來說,年輕人的吃穿用,中老年人並不會排斥,搞不好還會覺得很潮、很時髦;但老人偏好的品牌,應該比較難打進年輕族群。一個明顯的案例就是ubras這個無尺碼內衣品牌,如果當初不是讓年輕女生先穿,而是鎖定熟女去做BTA,今天就比較難成為賽道中的王者。先拿年輕人當BTA,就是戰略延伸的意義。

以職位高低來說,高職位的人通常具有較高的收入和社會地位,而且因為帶領團隊他們擅長發揮影響力,這使得他們的言行甚至價值觀會上行下效。

這在過去說的可能是老闆、總經理之類的管理階層,

但現在另外一種新型態領導階層崛起，就是大 V、網紅、KOL 意見領袖，或者說你認識的那些「人脈王」，這些具有大量社交貨幣、社交資本的人，他們透過人脈網路去影響的能力更為驚人。

然後談到城市或者鄉村的風怎麼吹。一般來說，城市裡的消費者是被很高強度的資訊量全方位覆蓋的，各種媒體的主動或被動推送，新資訊的流通速度是很快的。加上實體與虛擬通路的銷售網路完善，使得在城市裡的消費者會更早買，也會買更多。以產品的推廣或者行銷效率而言，城市消費者接納速度的確更快。

有錢的、時尚的、知識分子，這三個條件我覺得可以一起說明。這三種人有一個共性，因為經濟條件比較好，或者接受新知識與新資訊的態度比較開放，這都會使得他們願意更早、更頻繁地去嘗試新產品、新科技、新理念。

至於在大企業、大公司上班，這是一個很具體的標籤，

關鍵時刻 〰 關鍵思維

選擇 BTA，以延伸、裂變、影響力為思維核心。

戰略效益｜年輕人＞老人、都市＞鄉村、有錢＞沒錢

很大的錨。例如說世界 500 大企業、股票上市公司、隱形冠軍等等。這些市場上的領導品牌、產業領導者，他們公司本身的優異表現，或者員工的菁英特質，通常會成為市場標竿或者參照點。

最後就是會使用尖端科技或新創產品的人，因為這些前瞻技術或科技，對趨勢發展有很強的引導作用，本身就是很強的錨。這些科技先行者（Early Adopters）對後續的消費者會起示範作用。

這 BTA 九宮格裡面的九個條件，提供企業在選擇 BTA 時進行排列組合。如果要更全面的去探詢個人行為如何被他身處的環境所影響，可以從生活態度（Life Style）、家庭觀念、集體主義、高媒體曝光量、到社交圈的緊密程度去思考，並不僅限於九宮格裡面的九個條件。

這邊就不展開了，不糾結，請保持彈性，根據企業的情況決定。

> **關鍵時刻～關鍵思維**
>
> 品牌的戰略思維就是效率與複利，
> 誰能迅速把風吹起來，誰又能讓跟風的變多，
> 就是選 BTA 的評估重點。

名利雙收、人財兩得的 TA 戰略思維

關鍵時刻的落地，就是要「打透」。要能打透，先要選對 BTA，洞察出他認為最重要的八個 MOT，然後讓他超愛你的八個最美的 MOT。選對 MOT，連續做對，一釐米寬打透一萬米深，ALL IN 才能擊穿！

也可以這麼說，BTA 就是幫品牌帶來「名」的消費者。那麼誰幫你帶來「利」呢？那就是 RTA。企業需要 RTA 帶入源源不絕的營收。

所以企業佈局中，我們 RTA 也要，BTA 也要。因為沒有 RTA 你活不過今天，沒有 BTA 你做的不是品牌。

做好 BTA 你才有故事可以講，才能宣傳。因為 BTA 的分發、延伸、裂變效應，你的美被放大了。

BTA 就是你的錨；但沒有 RTA，你的現金流會出問題，企業會活不下去，企業還是要顧好 RTA。而 HTA（高淨值人群），也就是你的品牌變成錨的時候，品牌溢價就會出現，接下來高淨值人群幫你帶來利潤，那就是真正的人也得、財也得，名利雙收的結果。

韭菜的五大產區

RTA 會帶進來營業額，我借用「韭菜」這個詞來方便表達。韭菜容易種又長得快，割了還會再長，可以一直賣錢，是個好作物。所以從企業角度來說，要到哪裡去找韭菜？哪個市場是我可以經營獲利的 RTA 呢？

利用前面書裡所說的底層邏輯與視角，韭菜五大產區送給大家：

1. 性價比黨與跟風黨
2. 小白
3. 資訊不對稱
4. 平台紅利：大平台狂推
5. 感覺自己聰明的

第一種韭菜是「性價比黨」以及「跟風黨」。這裡有系統一的人，也有系統二的人。性價比黨是一群對價格極端敏感的人，永遠在追尋最好的 deal（交易），為什麼他們會是韭菜呢？因為只要降價五塊、十塊錢，他們就立刻會被你掃進來，企業缺業績時是一種立即有效的進帳。

跟風黨則是跟隨多數人的選擇來做決定，這麼做他們

感覺容易又安全。簡單講，就是超級避損，跟著大家買肯定沒錯。這樣做，對跟風黨來說排除了做選擇的壓力，要買就買最暢銷的、要用就用零負評的、要上餐廳當然去排隊人多的，這多省心。所以跟風黨是一群很好的客人，就是帶貨直播主喊「家人們，衝啊」，馬上就手速下單的一群好客人。

第二種韭菜是小白，這是一群還不認識你，沒有用過你的人。要說服小白，比說服小黑，甚至比說服紅轉黑都容易。只要移除購買障礙，降低選擇障礙，小白相對容易買單。還記得洞察篇裡講的十大障礙嗎？就是你該滅掉的。因為小白對你的品牌或你的產品還沒有偏見，你就能在一個好的起跑點上執行進店轉化。

舉一個例子，像現在很多女生很獨立，不想靠人幫忙，所以裝潢房子、粉刷牆壁、釘個書架什麼的，到安裝無線網路，甚至牆上鑽孔安裝個燈，都已經有愈來愈多的女生自己來。對這些新手小白來說，你的東西如果可以從頭到尾都很容易，客服很友善，要問甚麼答案都很容易取得，「無痛上手」、「手殘黨也會用」，便會很快速地獲得這群人的接納。

第三種韭菜，產於資訊不對稱。兩邊擁有的資訊量不

同,或者資訊品質不同,就是一種不對稱;還有一種狀況是資訊時差,就是兩邊獲得資訊的時間有先有後,這同樣也是一種不對稱。

只要資訊有不對稱,就存在著紅利。例如美國紐約流行什麼,我們這邊可能還不知道;或者富豪圈層流行什麼,薪水階級還不知道,這都有商機存在。講白了,資訊少的或者資訊慢的那一邊就是韭菜,只是現在這種資訊不對稱產生的割韭菜時間愈來愈短。不過,資訊不對稱是永遠存在的,因為不可能所有人的認知都拉齊的。

第四種韭菜產地,就是大型平台狂推或大型平台對打時所產生的平台紅利。舉例來說,MOMO購物網、PCHome購物、蝦皮購物火拼時,會釋出很多貼補、折扣、免運等各種紅利。作為小品牌、小廠商在沒有多餘行銷資源去觸達受眾的前提下,一定要搭上這些平台的順風車,趁機割一批韭菜進來。簡單講,就是平台在打仗,品牌從中獲利。

第五種韭菜,就是覺得自己很聰明的那群人,這簡直可說是韭菜發源地。例如前一陣子很流行的幣圈,玩加密貨幣的那票人。第一天覺得自己要快點上車才能割別人韭菜,第二天發現自己才是韭菜,第三天發現全部的人都

是韭菜，幣圈交易所或者美國聯邦政府才是那個頂層收割機，根本玩不過。很多這種自以為賺到了，自以為比別人聰明的，自以為搶得比別人快的事件，都是超級大韭菜。

三破：破圈、破壞、破局

在 TA 的戰略思維之下，面對消費者我們一定要破圈，破圈才有增量，破圈才有機會產生非線性增長。

不止這樣，今天我想說明三破：**破圈、破壞、破局**。

第一破，我們講的是**破圈**，破圈的內核是突破原有的圈層，我們不能只有一種 TA。選擇 TA 最重要就是要能破圈，你過去就是沒有破圈，造成你老是去榨乾同一群人（存量），使用者沒有變成傳播者，榨不動了就再去買流量回來榨，到最後只成就 MCN 公司（Multi-channel Network，多頻道聯播網）或是廣告投放公司。

第二個破叫什麼？叫做**破壞**，破壞是針對競爭對手，我們要重新洞察「第一性思維的人、貨、場」，去搞明白你的交付。舉例，對現做咖啡市場來說，7-ELEVEN 就是找到了關鍵交付，對吧？比製作咖啡的速度，比分發效應，7-ELEVEN 直接開了一個新賽道，都不用研究就知道它一

定能獲得非線性成長。不要小看 7-ELEVEN 在咖啡這個賽道上面的投入,「小七」為了確保能在尖峰時間依舊能大量、穩定、快速的供應咖啡,它店面用的全自動咖啡機器是很頂級的商用機款,一台要價新台幣三十幾萬元,一杯拿鐵 45 秒完成,這就是「小七」為了打透「快」這個 MOT 所下的功夫,破壞了所有競爭對手的優勢。

第三個破更重要,是**破局**。各位老闆們,我們要在自己企業內部,去破掉那個針對存量已經固化的經營模式。企業為什麼做不到增量?因為你公司整個佈局都是為了存量而存在的,思維、視角、組織結構、甚至人員心態,都只會做存量,對老客戶不斷的榨乾。「**路徑依賴**」是讓企業成長受限的主因之一,如果不去突破這個困局,是做不到增量的。這個局最需要突破;走老路,到不了新天地。

這三個破,針對消費者破圈,針對競爭對手破壞,而破局是要破自己。這才是戰略思維的綜觀全局。

> **關鍵時刻 ∿ 關鍵思維**
>
> 針對消費者**破圈**,針對競爭對手**破壞**,最後要**破自己**;破局,就是破掉針對存量的固化經營模式。

選對人，就兩件事

　　峰值體驗「增量／存量雙增長」模型，最重要的三大變量，第一個變量**選對人**，如果要濃縮，就做這兩件事：
- ☑ 誰才是你該愛的
- ☑ 韭菜到底在哪裡

　　洞察的價值就是找到撕裂口，從這個撕裂口打開你的賽道，這個撕裂口也就是你的商機，就是 MOT 關鍵時刻。這些你該愛的人，就是 BTA。

　　哪個品牌都不可能第一天就進入主戰場，品牌也不會第一天就被大家覺得很高級，成功的企業都是一邊從 RTA 身上賺到錢，獲取養分，一邊找到 BTA，再不斷破圈的。

　　所以 RTA 韭菜在哪裡呢？五大產區已經告訴你。企業還是需要能快速收割，對現金流有幫助的消費群眾，針對 RTA 企業就是悶聲賺大錢就好。但話說回來，只有 RTA 品牌是永遠沒有辦法賣貴的。要攻下 BTA，才是真正有了品牌。這些 BTA 就是品牌的錨。

　　最後，我給大家創造了一個諧音梗「TA 三有」，就希望各位好記。我們找 TA，就是要：

有值、有量、有多聞

意思就是，企業要靠 RTA 把銷量做起來，有錢有底氣；然後讓 BTA 把品牌打響，品牌聲量提高，愈多人知道愈好，所以說是多聞；而高淨值人群 HTA 則要可以為品牌創造高收益。

HTA 有值、RTA 有量、BTA 有多聞。

希望大家都名利雙收，人財兩得。

CHAPTER 6

三大變量之二：
做對事

　　峰值體驗的落地，第二個重要變量就是做對事。什麼叫做對事？就是 300 – 10 = 290。

　　我們要把關鍵的 10 件事找出來，弄透消費者的 MOT，搞明白哪些是最重要的，再去打造 MOTX（X 為 Experience，體驗），我們才能做到那群人的生意。

　　所以 300 選 10 怎麼選？接下來這個「選 MOT 的思維概念」很重要。

　　首先我們要先把 300 個 MOT **按照「重要性」排序**，這不是由企業判斷，而是要根據洞察而來。在做消費者訪談時，問他們在意哪些 MOT，先統統寫下來；再問哪個 MOT 最重要，依序排下來。舉例，你如果問消費者選擇餐

選擇 MOT 的思維

最重要的 MOT　　　　　　　　　最不重要的 MOT

重要性　No.1　　　　　　　　　　　　　　No.300
　　　◀── MOT1　MOT2　MOT3 ────── MOT300 ──▶

廳時會考慮哪些？好吃、食材、價錢、裝潢、服務……他們可能會想到很多，就統統都列下來，這些都是 MOT。

選 MOT 的思維概念

然後在這些眾多的 MOT 當中，如果他們覺得對餐廳來說，「好吃」最重要，就把「好吃」放第一位，然後一個一個排下去，排到最不重要的 MOT 為止。

MOT 依照重要性統統排完之後，再請消費者用「滿意度」排序。這時候請注意，和重要性不一樣，我們要把最不滿意的放左邊，最滿意的放右邊。滿意度問的就是，消費者針對你在這些 MOT 表現得好不好的評價。例如餐廳調查，消費者可能覺得對一家餐廳來說好不好吃最重要，但你的餐廳就不好吃啊。請誠實面對，放在圖上。

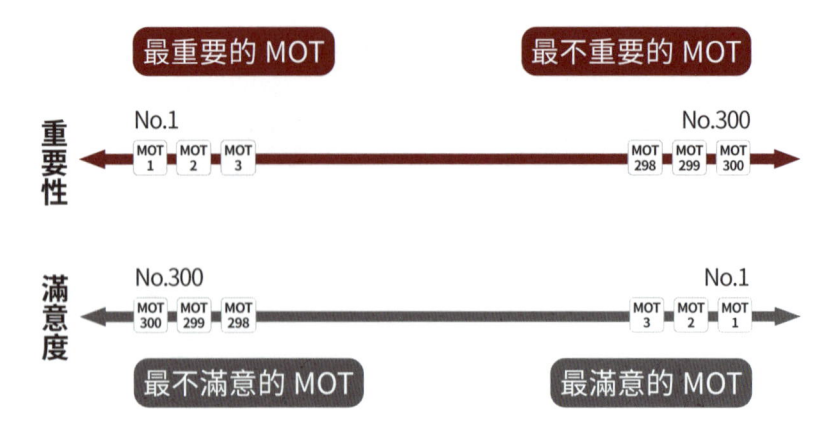

最重要的 MOT　　　　　　　　　最不重要的 MOT

重要性　No.1　　　　　　　　　　　　　　　No.300
　　◄— MOT1 — MOT2 — MOT3 ———————— MOT298 — MOT299 — MOT300 —►

滿意度　No.300　　　　　　　　　　　　　　No.1
　　◄— MOT300 — MOT299 — MOT298 ——— MOT3 — MOT2 — MOT1 —►

最不滿意的 MOT　　　　　　　　最滿意的 MOT

　　MOT 重要性和滿意度的排序都完成之後，我們會得到上面這樣一張圖。這時候我們在最左邊前十名 MOT 那邊畫一條垂直線，仔細觀察。如果上面和下面同時出現相同的 MOT（如下圖）：

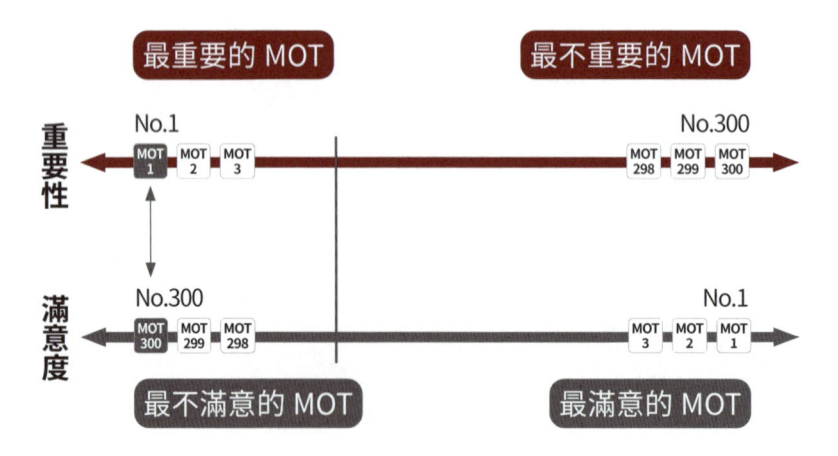

最重要的 MOT　　　　　　　　　最不重要的 MOT

重要性　No.1　　　　　　　　　　　　　　　No.300
　　◄— MOT1 — MOT2 — MOT3 ———————— MOT298 — MOT299 — MOT300 —►
　　　　↕

滿意度　No.300　　　　　　　　　　　　　　No.1
　　◄— MOT300 — MOT299 — MOT298 ——— MOT3 — MOT2 — MOT1 —►

最不滿意的 MOT　　　　　　　　最滿意的 MOT

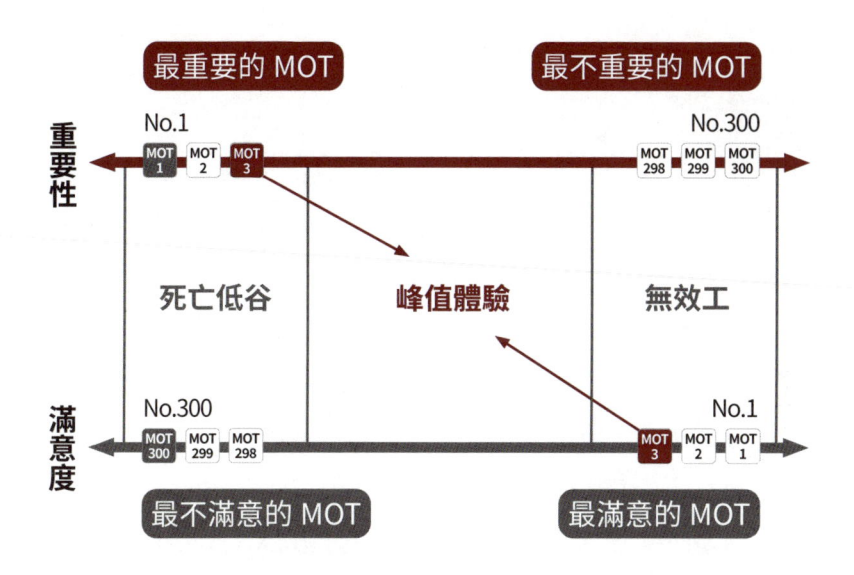

```
                最重要的 MOT                              最不重要的 MOT
重      No.1                                                                      No.300
要    ┌─MOT─MOT─MOT──────────────────────────────MOT─MOT─MOT─┐
性    　  1   2   3                                          298 299 300


          死亡低谷           峰值體驗              無效工


滿                                                                                No.1
意    ┌─MOT─MOT─MOT──────────────────────────────MOT─MOT─MOT─┐
度      No.300
          300 299 298                                         3   2   1

                最不滿意的 MOT                            最滿意的 MOT
```

這就真的非常要命了。這表示消費者最重視的MOT，是你做得最不好的，我稱之為「**死亡低谷**」。這一塊的MOT，你不改就完蛋了。

相反的，最右邊那些MOT，就屬於無效工。這些MOT雖然消費者覺得你做得非常好，他很滿意，問題是這些MOT一點都不重要。你花了那麼多力氣和資源做那麼好，卻完全無法影響消費者的行動，是啦，你的確取悅了消費者，但他完全沒有花錢在你身上啊，這樣你還要一直做下去嗎？

所以峰值體驗在哪呢？就是圖上面那些消費者覺得最

重要的,他又覺得最滿意的 MOT,這些 MOT 就是你的峰值體驗。

所以你現在應該可以明白,為什麼我再三強調,我們先要有 300 個 MOT 了。如果一開始就只有十個 MOT,你連排序都沒得排,而且非常有可能你這十個 MOT 跟競爭對手都一模一樣,那要怎麼做出差異?想都別想。

上述做法還只是訪談小紅(愛你的)而已,就已經可以獲得如此清晰的答案了,如果你再訪談小黑(不愛你的),馬上就能得知你的競爭對手在這些關鍵時刻做的怎麼樣。如果有那些消費者覺得很重要的 MOT,但競爭對手又做得很差的,那簡直太好了!這些 MOT 你只要打透,那些小黑就會被你拉過來,增量就做起來了。

> **關鍵時刻 〰️ 關鍵思維**
>
> 峰值體驗在哪裡?就是那些消費者覺得<u>最重要</u>的,而且又覺得<u>最滿意</u>的 MOT。

選擇 MOT 的十個原則

如何選擇 MOT？在《峰1》裡我們簡單地講了九原則，今天我們重新整理，不但深化成十個選 MOT 的原則，而且會細講，幫助你在評估哪個 MOT 能起到關鍵作用時，理解這些原則背後的原因，協助你從 300 個 MOT 中找到「重中之重」。

首先我們要注意的原則一，就是**不同的消費者，他們所講的 MOT 重要性不同**。為了幫助大家理解這個原則，我暫且借用中華航空當模擬練習的對象吧。

現在假設華航有三群消費者，第一群是每週搭華航從台北飛東京，第二群每週搭華航從台北飛香港，第三群每週搭華航從台北飛紐約，同樣都是搭乘華航的客人，請問哪個人講的 MOT 最重要？是的，你回答的沒錯，就是第三群飛紐約的人。這群人就是所謂的高淨值人群，同樣的搭乘頻率，但花的錢更多，因此他所說的 MOT 我們必須加成計算。這個在《峰1》裡就有論述。

但接下來，又有另外三群飛行常客，都是高淨值人群，都是每週搭飛機從台北往紐約。第一群人只搭華航，第二群人華航和華航的競品各搭一半，第三群人只搭乘競品，

再請問哪個人講的 MOT 最重要？

每次我在課堂上問這題，學員都會回答第三群人講的 MOT 最重要，競品的消費者是增量啊，要增量就要做小黑，把他們挖過來。你看，這就是關鍵時刻放棄老客人。

這一點，在選擇 MOT 時是真的要格外注意。因為第一群只搭華航的人，是華航的高淨值人群（HTA），他們已經持續在貢獻很高的營業額，你如果做了他們不愛的事，他們立刻就不搭了，失去這群老客戶你的損失就太大了。所以第一群人講的 MOT 最重要。這就是要讓存量覺得更值，才會一買再買。

第二群人就是相對比較沒有品牌忠誠度的消費者，他們華航也搭，競品也搭。這時候如果第一群人和第二群人講的 MOT 出現共性，你只要把這些 MOT 做好，這些人也會被轉過來，他搭乘華航的頻次就會提高。

我們反而需要留意第三群人：競品的消費者。我並不是要你們完全不理會小黑所講的 MOT，而是不能照單全收。如果小黑講的所有 MOT 你都照做，那華航就會變成跟競品毫無差異。我一直提醒大家「黃渤不能整形」，要「放大你的美」，小心不要踏入 MOT 複製貼上的陷阱。

存量市場要先顧好，老客戶重視的 MOT 繼續精進，

守住這群金雞母；面對增量市場的 MOT 時要慎選，針對那些紅轉黑、黑轉紅，轉來轉去的客人，找出和存量市場共有的 MOT 去提高滿意度。至於第三種小黑──競品消費者所講的 MOT，因為是增量來源，還是必須予以考慮。這時必須合併思考其他九個原則，同時考慮 BTA 的破圈與裂變，更重要的是，這個 MOT 是否為目前可做到的？最糟的是，存量沒顧好，增量又沒連續做對，人財兩失。

選擇 MOT 的第二個原則，**取決於企業目前側重哪個象限**。這沒有標準答案，如果企業需要的是做增量，那就是右邊的第一及第二象限，選擇的 MOT 就應該重兵放在進店和轉化這邊的 MOT。如果企業要做存量市場，則重點就要擺在第三和第四象限的複購 MOT 與推薦 MOT。

挑選 MOT 並不需要四個象限均等，而是要根據企業戰略目標去決定。舉例來說如果你的企業流量很低（微流），最好是把 MOT 火力集中在進店和推薦，要想盡辦法讓客人上門。反過來說如果你是大平台、大賣場、大 V 之類，本身就自帶巨大流量（頂流），聚客力強，客人會自動上門的話，選擇 MOT 時可將策略重點放在轉化、複購這兩個象限。這請根據企業的策略重點去做 MOT 選擇。

品牌輪的組成

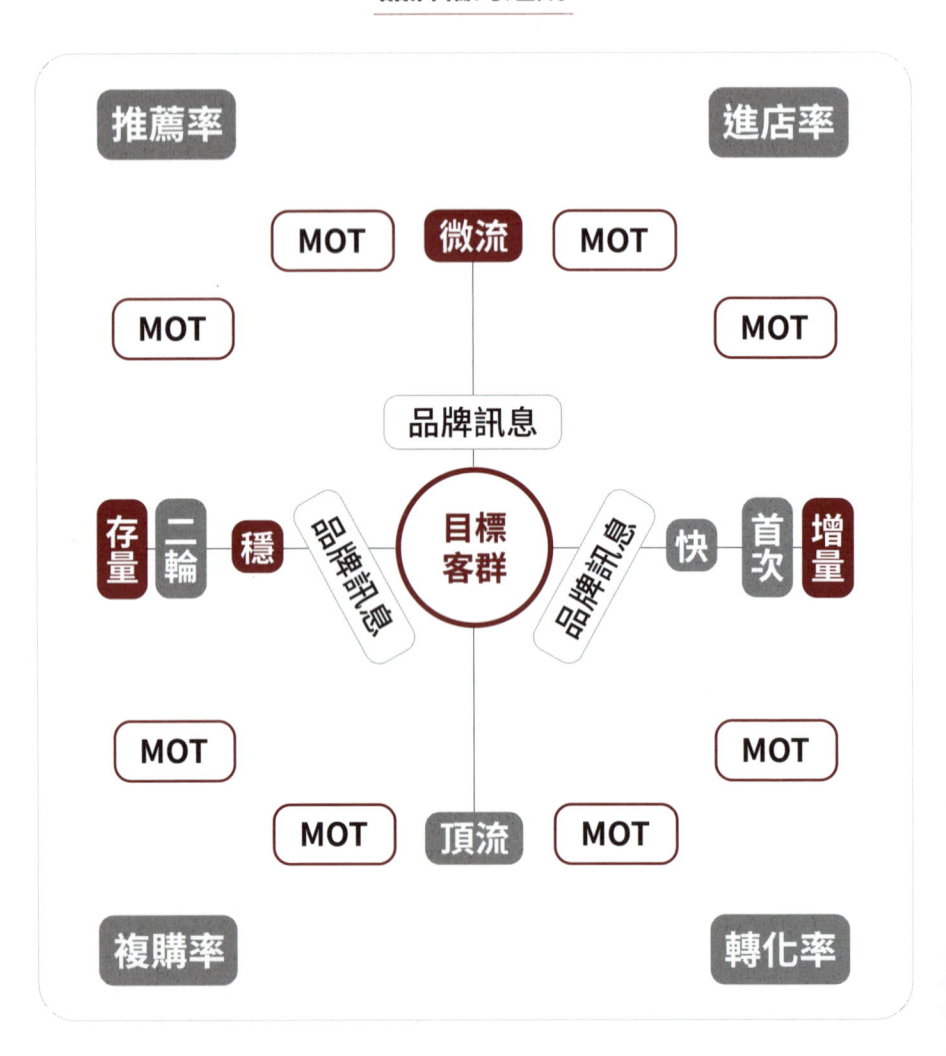

推薦率　　　　　　　　　　　　進店率

MOT　　微流　　MOT

MOT　　　　　　　　MOT

品牌訊息

存量　二輪　穩　品牌訊息　目標客群　品牌訊息　快　首次　增量

MOT　　　　　　　　MOT

MOT　　頂流　　MOT

複購率　　　　　　　　　　　　轉化率

三個黃金時刻

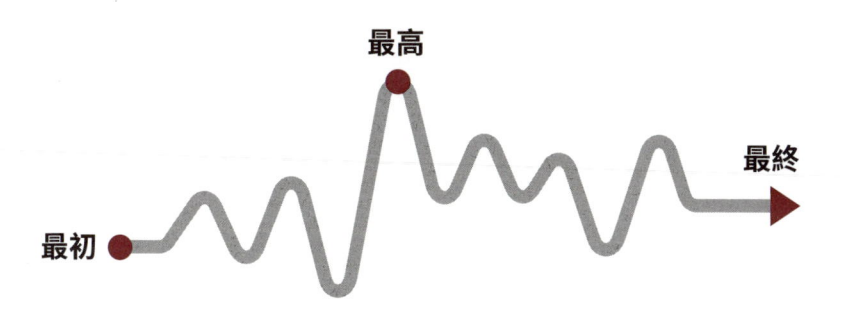

最高

最終

最初

　　選擇 MOT 的第三個原則，要看看這個 MOT 是不是在三個黃金時刻？第一印象（最初），高峰時刻（最高），與結束時（最終），這三個時間點，就是我稱之為設計體驗不容錯過的黃金時刻。MOT 如果剛好是落在這三個黃金時刻中，就是非常好的選擇。

　　第四個原則，「低谷」與「障礙」有沒有被滅掉？做洞察時透過訪談四種人可以挖出非常多資訊。如何得知低谷在哪裡？要問紅轉黑，這些曾經愛過你的消費者為什麼現在不再用了呢？這就是低谷。問小白和小黑，可以得到障礙在哪裡，為什麼就是不進店？是不知道還是沒看到？進店後為什麼不買？請參考前面講過的轉化十大障礙。

　　低谷和障礙被滅掉，增量、存量就可以做起來。

接下來講選 MOT 的第五個原則，**這個 MOT 能不能放大你的美？**美要怎麼找？可以去問小紅和大紅，這些愛你的人或者超愛你的人，用真金白銀買你的產品，支持你，是因為你的哪一個 MOT 打動了他們呢？小紅和大紅，為什麼一買再買？覺得值在哪裡？那個值了的 MOT 就非常重要，建議必選。

第六個原則，**這個 MOT 能不能落地企業選出來的三個重要訊息？**MOT 的目的和任務，就是要植入心智，產生行為。現在企業常常出現一個很大的問題，就是有 300 個 MOT，也有 300 個不同的訊息，每個訊息各講各的，到頭來消費者什麼都記不得。

舉例來說，如果一家賣吃的想要讓消費者感覺到「新鮮」該怎麼做？是的，就是在店門口現切、現榨、現煮，這是非常直觀地用五感去啟動消費者的系統一，讓他接收到新鮮這個訊息，這是 MOT 落地訊息的一個好例子。

糟糕的 MOT 選擇就是，MOT 講一套，訊息又是另一套。不連，消費者就不會植入心智，不會產生行為。例如我們常常看到的促銷廣告文案：

「小資消費，頂級享受」

「五星便當，平價消費」

又或者說，主打天然有機的化妝品，卻用了一大堆不環保的包裝之類，這些訊息和 MOT 的矛盾衝突，就很難讓消費者產生認知。

MOT 如果同時能支持一個以上的訊息，這就是非常好的選擇。例如一個店面設計讓人感覺既時髦又專業，或者商品陳列讓人感覺東西便宜又新鮮，這就是一個 MOT 同時支持兩個訊息的示範。反之，如果 MOT 和你選擇的訊息無關，再重要的 MOT 都不建議選。

接下來的原則七、八、九，應該要一起講。原則七是消費者重視的 MOT，原則八是我自己可以做得最好的 MOT，原則九則是競爭對手做得不好的 MOT。這三個邏輯哪一個要優先考慮呢？這其實在《峰1》一書裡已講過，我們應該要優先盯著原則八：

哪個 MOT 是我做得最好的？

這就是峰值體驗系統的核心精神——放大你的美。為什麼原則八這麼重要，因為很多小白與小黑消費者覺得重要的 MOT，企業根本就做不到。所以企業選擇 MOT，還是要誠實面對現有實力。

所以要怎麼選 MOT？我們要緊盯著原則八，先找到

你的美,再去和原則七進行比對,一定要有交集,以確定企業的美也是消費者重視的 MOT。如果這個 MOT 還跟原則九有關,那就太棒了,這就是答案,拜託你選這個 MOT。

最後一個選擇 MOT 的原則,就是**商業模式(Business Model)能否適配,能否複製?**我最怕遇到的一種老闆,就是到處照抄 MOT,不考慮跟你原本的商業模式搭不搭,也不考慮和你公司的人搭不搭。內部人員認知不齊,不可能連續做對;企業內部根本沒有破局,卻想做破局的生意,想也知道,這事情是不會成的。**選 MOT 就是選商業模式**,這是全局的商業戰略思維。

關鍵時刻　關鍵思維

要怎麼選 MOT？
1. 緊盯著原則 8,先找到你的美。
2. 再去和原則 7 進行比對,一定要有交集,確定企業的美也是消費者重視的 MOT。
3. 若此 MOT 和原則 9 有關就太棒了,這就是答案。

選擇 MOT 的十個原則

1. 不同的消費者講的 MOT 重要性不同
   - 高淨值人群講的 MOT 要加成計算
   - 關鍵時刻不要放棄老客戶
   - 黃渤不能整形
2. 企業目前側重的象限
3. 這個 MOT 是三個黃金時刻嗎？
4. 低谷與障礙有沒有被滅掉？
5. 我的美能被放大嗎？
6. MOT 可以落地我選出來的三個重要訊息嗎？
7. 哪一個 MOT 消費者最重視？
8. 哪一個 MOT 我可以做得最好？
9. 哪一個 MOT 競爭對手做得不夠好？
10. Business Model 商業模式能否適配？能否複製？

確保最重要的事,是最重要的事

趨勢思想家凱文‧凱利(Kevin Kelly)——科技界推崇的數位教父,也是《連線雜誌》(Wired)創始主編,他在文章中引用過管理學大師柯維(Steven Covey)的一段話,對我很有啟發——「最重要的事,就是確保最重要的事,是最重要的事。」(The main thing is to keep the main thing the main thing.)

這不是廢話嗎?還真一點都不是。因為最重要的事,不見得是最緊急的事;一個老闆日理萬機,急件很多,他很難一直保持把最重要的事放在最前面。即使認同「300 – 10 = 290」,我看到的老闆們的十件事情清單,還是每天一直被改掉。

洞察找出對的事,落地時把事情都做對。字面上看起來簡單,要做到卻需要高度的戰略思維與決斷力。選擇 MOT 的十個原則,希望助你對自己的選擇更有信心。

《峰1》一書裡開宗明義就提到「品牌輪」,包含四元件:讓 TA(目標客戶)在**關鍵時刻**,**體驗**到我們想要傳遞的**品牌訊息**,並做出我們所期待的事。我們期待客戶做的事,就是一見就進,一進就買,一買再買,一傳千里。

MOT 品牌輪
用 MOT 打造峰值體驗的方法學

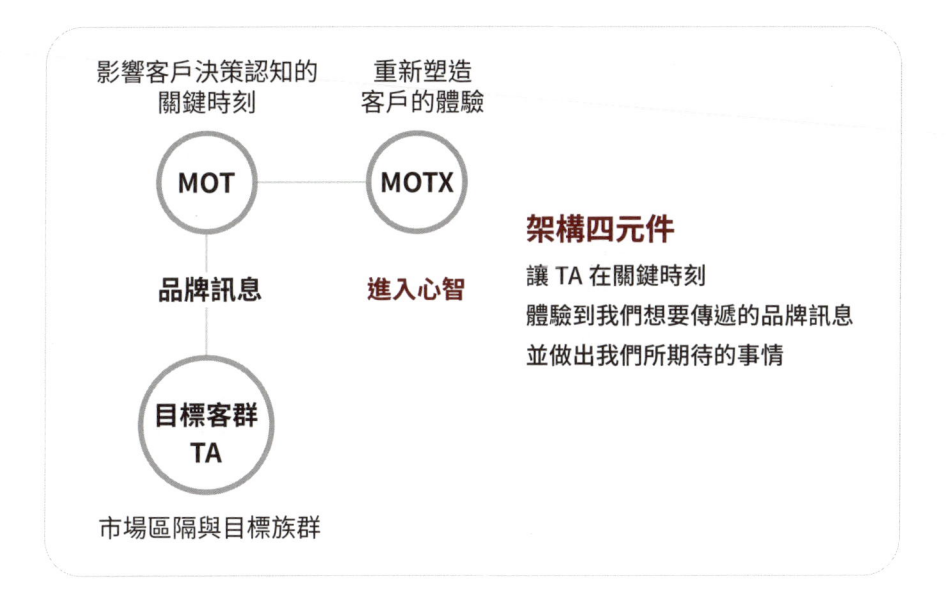

```
影響客戶決策認知的    重新塑造
關鍵時刻            客戶的體驗

  (MOT) ——— (MOTX)         架構四元件
   品牌訊息    進入心智      讓 TA 在關鍵時刻
      \                  體驗到我們想要傳遞的品牌訊息
       \                 並做出我們所期待的事情
      (目標客群
        TA)

市場區隔與目標族群
```

品牌輪藍圖：金榜與黑榜

「品牌輪」具體怎麼操作呢？

第一步，將 300 個關鍵時刻 MOT 寫成便利貼，貼上**品牌輪藍圖**：

1. 以假設的 TA 去思考，在進店、轉化、複購、推薦

品牌輪藍圖

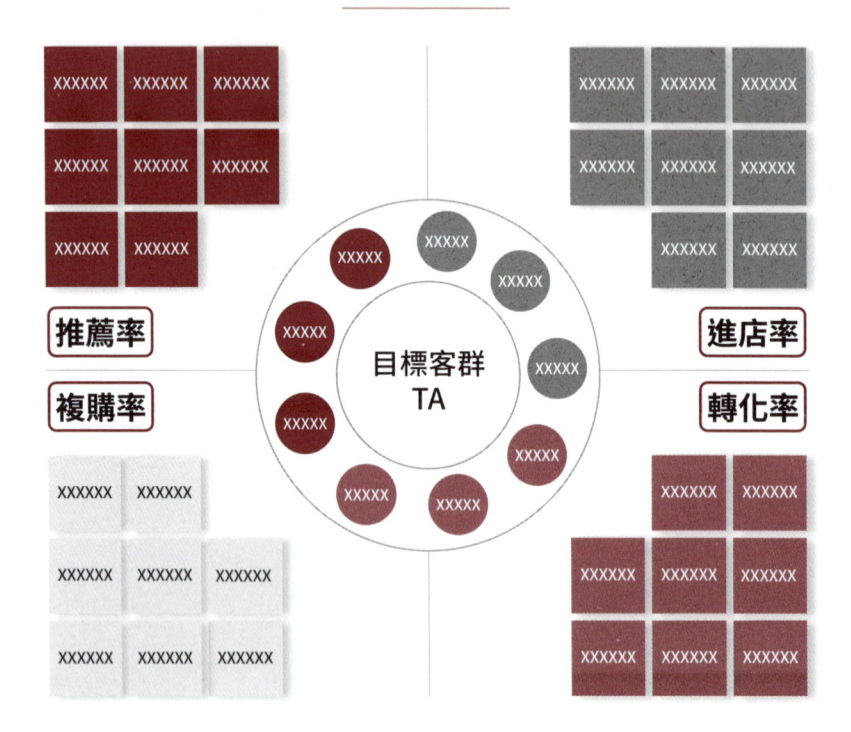

	推薦率		目標客群 TA		進店率	
	複購率				轉化率	

四個維度中，MOT 有哪些？
2. 訪談四種人（小紅、小黑、紅轉黑、小白），寫出 MOT
3. 一個 MOT 寫一張便利貼
4. MOT 寫的愈多愈好

第二步，撰寫 MOT 時要具體精確，MOT 一定要細化才能落地，要符合 MOT 的定義：

是誰，在什麼情況下，感受到什麼？

一個 MOT 的時間不會長，通常會在五分鐘以內，二十秒更好。我有一個很好的形容，「MOT 就是一個手機截圖」，我們要把那一瞬間的畫面和行為擷取下來，寫成 MOT。寫 MOT 一定要愈多愈好，並不是一定要 300 個，但別忘了：沒有選項，你就沒有選擇。按照前面洞察的章節所教的步驟去訪談四種人，絕對能獲得一卡車心得與 MOT。總之，MOT 要盡量多寫，後面你才有得選。

如果是團隊一起腦力激盪，以工作坊的方式撰寫 MOT 的話，我建議這個階段大家可以各寫各的，先不討論，免得互相引導。等全部的人都寫好 MOT 之後，再把所有寫了 MOT 的便利貼放在品牌輪藍圖上，對應進店、轉化、複購、推薦四個維度放好。

第三步、貼好 MOT 便利貼之後，接下來要寫出合適的品牌訊息。在品牌輪藍圖上面，我們用方形便利貼代表 MOT，圓形便利貼代表訊息，各自貼在你認為對的地方。

怎麼寫訊息？怎麼選出好訊息？後面章節會展開細說，在這邊我們就先學習品牌輪藍圖的操作步驟。

第四步，MOT 和訊息全部都貼好之後，接下來要做選擇。我們要從這 300 個 MOT 裡面，挑出最重要的八個。**請參考選擇 MOT 的十原則**，和團隊一起思考，選出最多八個 MOT。然後再選出最多三個品牌訊息。至於品牌訊息要怎麼選？可以翻到後面「說對話」的章節內容參考。

第五步，金榜與黑榜。這八個 MOT 我們還需要進一步根據四大維度，各自找出第一名的 MOT。第一名的意思就是這個 MOT 最具有影響力，然後把這個 TOP 1 的 MOT 放到金榜上。

例如以上圖來說，我們在「進店率」維度擺了三個 MOT，假設這三個 MOT 是「打電話 call 客」、「做臉書廣告」、「業務發傳單」好了，那麼對於提升進店率來說，哪個 MOT 最高效呢？如果判斷是「臉書廣告」，就把這個 MOT 挑出來當第一名放在金榜上。

如何挑選出第一名的 MOT？就是看哪個 MOT 對於該維度的增長效率是最高的，就是第一名，這裡依照商業知識判斷即可。四個維度都依照此方式挑出第一名（TOP 1），然後我們把這四個維度的第一名 MOT 放進這張「品牌輪落地戰略表」，我叫它「金榜」，放的時候記得要區分「增量」和「存量」。

完成品牌輪與排行榜

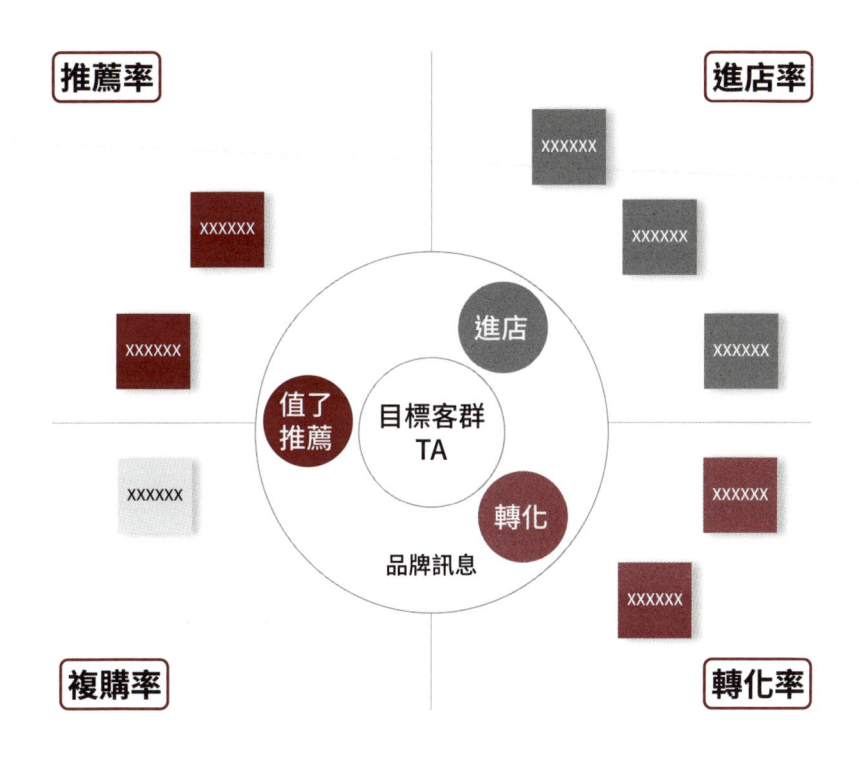

推薦率

進店率

複購率

轉化率

（中央圓圖：目標客群 TA、進店、值了推薦、轉化、品牌訊息）

1. 完成品牌輪：利用上課所學去檢視訊息與 TA 與 MOT 彼此的適配性
2. 最少要有 8 個 MOT
3. 最多 3 個訊息
4. 完成排行榜：依您對項目的判斷，挑出的最重要的 8 個 MOT 分配到四個不同的指標（進店率、轉化率、複購率、推薦率）

金榜上面這四個 MOT，是從 300 個當中選出來的八個，又經過增長率的排序，才放到排行榜第一，就是我們選 MOT 的重中之重。金榜的戰略意義，就是四大維度裡「連續做對」這幾個 MOT，對該維度的成長最高效，有高度機會出現非線性增長。一直要做到這金榜出來，企業才去把這幾個 MOT 做成 MOTX 峰值體驗。

　　和金榜相對的，就是黑榜。黑榜重不重要？很重要，因為找到黑榜就是立刻幫企業省錢。

　　還記得前面所說的，選 MOT 的思維嗎？那些消費者覺得不重要，你卻花了很多錢的 MOT，就是 290。黑榜上面的 MOT 就是那些 290；這些 MOT 影響不了消費者的決策或行為，也不好落地與複製，企業花了很多錢卻沒有商業價值。所以在黑榜上面的 MOT，企業就不應該再花大錢了，維持一般般就好。

魯拉帕路薩效應

　　查理‧蒙格（Charlie Thomas Munger）在他的公開演講中提出魯拉帕路薩效應（Lollapalooza Effect），他觀察到兩種、三種或更多種力量往同一個方向共同作用時，你

MOT 品牌輪落地戰略表

金榜

品牌訊息 → 進店 → 轉化 → 值了推薦

目標客群 TA

	進店率 一見就進	轉化率 一進就買	複購率 一買再買	推薦率 一傳千里
增量	MOT **TOP 1**	MOT **TOP 1**	MOT	MOT
存量	MOT	MOT	MOT **TOP 1**	MOT **TOP 1**

1. 先改善哪個側重的維度　2. 讓客戶體驗到訊息　3. 在 MOT 產生峰值

　　得到的將不僅是這幾種力量之和,而是各種因素和力量互相強化疊加之後,產生極強放大作用的一種概念。

　　魯拉帕路薩效應是蒙格的自創概念,主要也是用來形容他自己:透過掌握多元思維模型(mental model),就

能將這個複雜多變的世界看得更明白，進而擁有強大的決策能力。所以，查理蒙格這位老爺子用了多少種思維模型呢？據說他的知識儲備範圍從心理學、數學、物理、經濟學、到管理學等，跨越 100 個領域，有 100 個思維模型。

　　人腦的開竅，就是魯拉帕路薩效應的一個例子。一個人每天用功讀書，在腦裡種下各式各樣的節點，在沒有連起之前，就是一個又一個的知識點；但是當閱讀量與知識量到達某一個程度後，有一天人會突然「變聰明」。

　　蒙格也曾經引用「馬斯洛之錘」來提醒過度依賴一個熟悉工具的風險。馬斯洛的原文是：

　　「如果你唯一擁有的工具是一把鐵鎚，你就會看什麼都像是釘子。」（If the only tool you have is a hammer, it is tempting to treat everything as if it were a nail.）

　　蒙格認為，只用孤立的事實你無法理解任何東西，必須用理論框架將事實互相連接起來，才能真的派上用場。

　　蒙格這個看世界的多元思維模型框架，給了我很重要的啟發。魯拉帕路薩效應描述的是當多種認知偏誤、趨勢或力量同時結合在一起時，會產生一個非常強大且不可預測的結果。換句話說，當多種因素同時一起作用，它們的綜合效果遠大於各自單獨的效果之和。

這就是為什麼《峰2》這本書裡會有一卡車的底層邏輯與商業思維。

另外，我再次認知到這個世界的本質就是非線性的。

250 萬年前，人類開始用石器；

100 萬年前，人類已知用火；

19 世紀初，人類開始用電；

20 世紀 40 年代，人類進入核能；

20 世紀 50 年代，人類進入電腦；

20 世紀 90 年代，人類進入網際網路；

21 世紀 10 年代，人類進入 AI。

生物進化和宇宙誕生以來的變化，從來都是以非指數形式前進，這種非線性變化讓我感受到很大的力量。

在過去類比時代裡，力量確實是和規模成正比，大公司碾壓小公司，強國戰勝弱國。但進到數位時代，新技術與新模式的不斷出現，我們幾乎不再需要以規模當成獲勝的前提；而 AI 的出現，讓新創、實驗性、富彈性且能快速迭代的小企業，擁有了更好的成長條件。

蒙格具備了 100 種思維模型去做決策，他的成就不用我再多言。我超愛蒙格，看了一卡車他老人家所推薦的書，受到他非常多的啟發。這也是為什麼《峰2》的主要交付，

就是這些思維模型：16個底層邏輯，加上四張畫布（i畫布、X畫布，品牌輪、產品畫布），還有品牌三大變量（選對人、做對事、說對話）。這些戰略與商業底層的思維，可以幫助你選出最重要的MOT，且連續做對，那麼企業的非線性增長就是可預期的。

我們只要確保品牌輪裡面的四元件：TA、品牌訊息、MOT、MOTX，彼此相連、一致，往相同方向疊加作用，連續做對這四件事情，我們一定可以實證在魯拉帕路薩效應下，巨大質變會為我們帶來的巨大利益。

CHAPTER 7

三大變量之三：
說對話

接下來我們進入峰值體驗「增量／存量雙增長」模型的第三個變量，說對話。也就是品牌要植入什麼訊息到消費者的心智中。

那麼要如何選擇品牌訊息？有五個重要思維。這部分的內容相較《峰1》做了很大程度的升級，已經跟《峰1》講得很不一樣了，還請你要細讀。

首先，第一個重要思維，**我們要確保所有的訊息，要跟 TA 目標客戶以及 MOT 都是連結的。**MOT 就是要植入心智，產生行為，如果這個訊息和 MOT 無關，沒有辦法支持 MOT，就是沒用的訊息。

選擇品牌訊息的思維

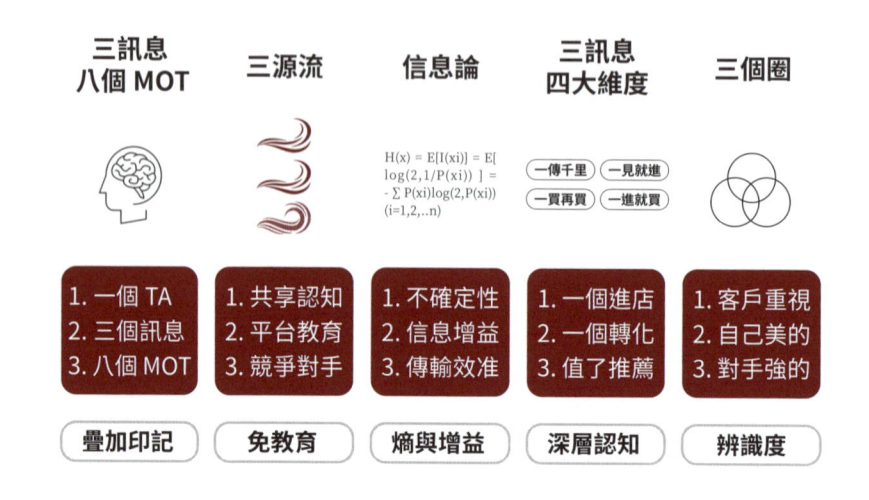

三訊息 八個 MOT	三源流	信息論	三訊息 四大維度	三個圈
		$H(x) = E[I(xi)] = E[\log(2,1/P(xi))] =$ $- \sum P(xi)\log(2,P(xi))$ $(i=1,2,..n)$	一傳千里　一見就進 一買再買　一進就買	
1. 一個 TA 2. 三個訊息 3. 八個 MOT	1. 共享認知 2. 平台教育 3. 競爭對手	1. 不確定性 2. 信息增益 3. 傳輸效准	1. 一個進店 2. 一個轉化 3. 值了推薦	1. 客戶重視 2. 自己美的 3. 對手強的
疊加印記	免教育	熵與增益	深層認知	辨識度

選擇品牌訊息的五個思維

　　選擇品牌訊息的首要關鍵，就是印記要疊加。訊息作為品牌的印記，每經過一個 MOT 就疊加一次，好像蓋印章一樣一直蓋，蓋到最後痕跡就去不掉了，訊息就會被刻進消費者腦中。舉例，有學員問我，汪老師為什麼上課總是戴一條圍巾？因為從開始授課以來我都戴圍巾，弄到後來變成私下出去聚餐也會有人問我「你的圍巾呢」？圍巾變成了我的印記。企業要記得，每個 MOT 都要有印記，

疊加到足夠多，足夠久，印記就會變成品牌的心智資產。

第二，選擇品牌訊息需要具備的思維，就是要選那些**免教育**的訊息。如果我們來研究訊息進入心智的途徑怎樣最快，就是把消費者腦子裡已經有的認知拿出來，再放回去他腦中，這條路徑是最快的，這就叫做共享認知。訊息如果是共享認知，你就免教育，免教育效率才高。

這些共享認知主要來自於三個源流？

第一個源流，就是這片土地上的自然、文化、世代、流行，全部都屬於共享認知。舉例，你跟任何一個台灣人講說埔里的水很好，這還需要多說什麼嗎？完全不用。想到日本秋葉原，就想到阿宅和動漫；小香風就等於粗針織布、撞色滾邊、經典黑白色，這些都屬於共享認知；我們把這些消費者已經有的認知拿出來再放回去他腦子裡，這種訊息效率很高，要懂得善用。

第二個共享認知的來源，就是大數據、平台、以及社交圈層，它們每天高強度的在幫我們進行教育，必須用起來。消費者每天花那麼多時間在臉書、IG、抖音、小紅書上，我們所使用的溝通語言最好能跟這些平台保持一致。例如以流行女裝來說，之前流行過馬卡龍色系（像法國甜點 Macaron 一樣的繽紛色彩）、美拉德風格（意指烘焙過

的溫暖自然色調)、格雷系穿搭(就是 Grey 灰色),這些語彙和標籤,每天被平台以千萬級的流量推送,消費者早就被洗腦洗得透透的,這些訊息當然要直接拿來用。

　　第三個共享認知的源流就是你的競爭對手。我們前面內容曾提到過競爭對手吹的妖風。競爭對手花大錢做廣告,就是在幫你教育消費者,不要客氣,我們可以用的。以上三種源流來的「免教育」訊息,用的愈多,省愈多錢。

信息論(資訊理論):
高熵訊息、高信息增益

　　選擇品牌訊息第三個重要思維,是高熵訊息、高信息增益。我無法再更強調這有多麼重要。

　　高熵訊息、高信息增益,這兩個觀念來自於克勞德・香農(Claude Shannon),他被稱為資訊理論之父,我們現在能享受通訊技術與智慧生活,都要感謝這位數學和電機工程天才。他於 1948 年發表《通訊的數學理論》提出了資訊熵(entropy)的定義,這是信息論的基本概念。

　　編碼和解碼是資訊理論的基礎研究課題。訊息的傳輸就是四件事:壓縮、簡化、失真、效率。以現在 4K 電視

機來為例，超高解析度的影像數據量是非常龐大的，如果每一幀畫面都用全頻、全數據去傳，網路頻寬再大都不夠，一定會卡住。所以數據實際傳輸時，只有第一幀畫面是全數據的，後面第二幀則是計算和第一幀的差異向量，只傳輸這些就好，這樣 4K 畫質影片才能順利串流播放。

人腦在處理接收訊息其實也是一樣的，如果一個訊息從頭到尾講得非常完整，「訊息量巨大」，就不失真，但人理解這種訊息是很吃力的，溝通不會有效率。所以品牌該研究的，就是思考**如何將訊息壓縮和簡化**，雖然會失真，但效率會變高的溝通方法。秒懂，才是王道。

要知道，人們用五感去建立認知，但大腦無時不刻都在主動濾掉訊息。這種大腦對外在世界的主觀重建，每秒發生幾十次；包括了視覺、聽覺、味覺、嗅覺、體感等所有感官，甚至包括情緒感受等等。「注意力」本來就是一個有選擇性的過濾器，只會傳送認為重要的訊息進入意識中。因此，品牌方要傳輸訊息給消費者，一樣都要經過以上過程。所以，香農的資訊傳輸理論，要怎麼幫助我們成功的把訊息植入消費者的心智呢？在這裡我們先學習兩個知識，信息熵（entropy) 和信息增益（information gain)。

信息熵（又稱資訊熵、信源熵）

這是信息論的基本概念，是度量資訊的不確定性或隨機性的方法。一個資訊源的熵越高，該資訊源的資訊內容就愈豐富，不確定性也愈高。

舉個例子來說，拋硬幣和擲骰子相比，擲骰子的熵值高，拋硬幣的熵值低，因為骰子有六面，而硬幣只有正反兩面，擲骰子所提供的資訊不確定性比較高。

另外一個很極端例子就是「太陽從東邊升起」，這種很確定的事，從信息論的角度等於沒有消除任何不確定性，因此完全沒有信息熵。

驚不驚喜？意不意外？「高熵訊息」有吸引注意力的功能，在選擇品牌訊息時，我們應該要挑那些熵值很高的訊息，才能吸引消費者注意。一個優秀的品牌高熵訊息，會給消費者一種新奇感受，既陌生又熟悉，當他 get 到你時有解讀成功的愉悅。

如果品牌訊息過於單一，則可能無法引起消費者的注意力。相反的，如果品牌訊息過於晦澀難懂、生硬怪癖、很荒唐古怪的表達形式，也會讓資訊管道阻塞，因為人們對於完全陌生的資訊型態，會自動視為與己無關。品牌訊息需要在這中間找到平衡。

信息增益

　　至於 信息增益 講的是，如果獲取一個新的訊息後，我們對隨機變數的不確定性減少了，那麼這個新的訊息就帶來了信息增益。有效的品牌溝通所傳達的訊息，應該要能最大程度地降低消費者對我們品牌的不確定性。也就是說，我們所選擇的品牌訊息，要能提供最大的信息增益。

　　如果應用到進店、轉化、複購、推薦四個維度，我們要把「高熵訊息」用於「進店」，才能吸引消費者的注意；因為高熵訊息充滿不確定性，「始於迷惑」，他才會走進來。那「高信息增益」可以用在哪裡？是的，這一類確定訊息，可以用於「轉化」或者「複購」。

　　現在很多企業的品牌訊息沒辦法起作用，常常是因為高熵訊息和信息增益用錯地方了。

　　假設你把高信息增益的訊息拿去進店，一個確定的訊息對一個路過者來說，他是無感的。例如說「好吃」，好吃屬於信息增益，消費者一定是因為好吃，才會一吃再吃。但如果你在餐廳門口跟客人講好吃，這稀奇嗎？每家餐廳都說自己好吃，這個訊息放在店門口就引不起注意。

　　另外說說滑手機時的「猜你喜歡」，你上抖音、淘寶、臉書、小紅書這一類平台時，它們推薦給你看的內容，就

是「高熵訊息」和「高信息增益」共同作用的好例子。當你手指不斷往上滑時，平台會持續推送各種短影音、直播間或者商品給你；你滑的時候會知道下一屏出現什麼嗎？不知道，這就是「高熵訊息」。但是你滑出來的是不是都是你喜歡的呢？大部分是。這就是平台厲害的演算法給你提供的「高信息增益」。高熵訊息加上高信息增益，就能提升使用黏度，讓用戶欲罷不能。

深層處理植入心智，淺層處理啓動注意力

選擇品牌訊息第四個重要思維，要考慮**消費者處理訊息的深淺層**。人們在接收外界訊息後，怎麼形成認知呢？

我曾經參與過一個腦神經內科醫生對失智症患者的評估，中間有個測試對我很有啓發。醫生先說三樣事物，請受測者跟著複述幾次，例如醫生會說「紅色、快樂、腳踏車」，然後請受測者在紙上畫一個 10 點 20 分的時鐘，中間可能會小聊幾句，然後醫生會請受測者回憶最初提到的那三樣事物是什麼。

這個迷你認知量表（Mini-Cog）是一種類似認知功能

的快篩，如何確診失智症還需要專業醫生判斷。但在被用來測試的「紅色、快樂、腳踏車」當中，「快樂」經常是受試者最不容易記起的項目，因為這是涉及情感的抽象語彙。人在認知出現問題時，抽象或者感情這種涉及深層處理訊息的能力可能會先失去。

這種涉及對訊息深度分析理解的認知能力，稱為「深層處理」（Deep Processing），訊息的深層處理需要很高的專注力，並且要運用思考，在記憶時同時能體會其中包含的情感層面，甚至會進一步牽涉對這個訊息的推測與創新。如果再輔以心理機制的運作，這種深層處理過的訊息就會匯入長期記憶。

「淺層處理」（Shallow Processing）就只達到感覺或感知的地步，是對訊息最表面的處理，例如識別文字的形狀或者聲音的音調。淺層處理可以說是眼耳鼻舌身五感的感受，或者對物理特性的感知而已。淺層處理通常不牽涉對訊息是否理解。

如果應用到進店、轉化、複購、推薦四個維度，消費者在進店時，是一個路過者，他對訊息的處理就是淺層的。但是到了複購的時候，就是深層處理。我常常開玩笑，「人都是東西買了以後才清醒的」，就是這個意思。

所以高熵訊息要用來進店，高信息增益用來轉化。淺層訊息就是印記，深層訊息例如品牌個性擬人化，就是情緒，才會進入心智。

高熵進店、增益轉化；淺層印記、深層情緒。

在四個維度的品牌訊息，推薦大家可以這樣選擇。

四維度挑三訊息：
品牌詞破圈；品類詞入行

我們來整理一下所講過的內容，四大維度需要用上三個訊息，就是品牌輪藍圖上請各位挑選的哪三個訊息？

「進店」的訊息，就是你品牌的獨特印記，就是品牌的詞，讓客人一見就進。「轉化」的訊息，降低選擇障礙，放大你的美，也是品牌的詞。沒有品牌詞，你破不了圈。「複購」的訊息，則是品類的訊息，也就是消費者覺得值了的詞。把這個詞講給朋友聽，就成為推薦的詞。

以餐廳這個品類來說，好吃重不重要？服務重不重要？當然都很重要，不好吃你乾脆別做吃的了。「好吃」就是做餐廳這個品類的品類詞。沒有品類詞，你入不了行，這是做這個行業的底層。

品牌訊息的底層邏輯

推薦率			進店率	
一加二	熵與增益		高熵訊息	系統一
十裝	深層處理	進店訊息	淺層處理	十大印記

（推薦訊息 / 轉化訊息）

複購率			轉化率	
一加二	熵與增益		高信息增益	系統二
十個值了	深層處理		中深層處理	十大障礙

只是我們需要明白，品類訊息是比較難有辨識度的，因為所有餐廳都會講自己好吃，除非你有錨（參見十五錨）。但品類詞還是很重要的，因為消費者就是因為這個原因，一吃再吃（穩定交付）。如果吃的人是 BTA，又覺得你好吃（推薦的詞），那麼你傳播的倍增效應就更大。

所以這三個品牌訊息，最好按照以下規律進行配比：

・一個進店、一個轉化、一個值了（複購變推薦）
・品牌訊息（進店、轉化），品類訊息（複購變推薦）
・兩個是增量（進店、轉化），一個是存量（值了推薦）
・一小白（高熵），一小黑（高信息增益），一小紅（值了）

第 7 章 三大變量之三：說對話　191

三個圈

企業想放大的美

消費者重視的詞

競爭對手已進入心智的詞

辨識度

選擇品牌訊息第五個重要思維,是**辨識度**。我們選擇的訊息,要有足夠辨識度,必須要和競爭對手有差異。

關於什麼是辨識度,這三個圈代表三種不同的訊息:
**企業想放大的美、TA 重視的詞、
競爭對手已經佔領 TA 心智的詞**

圖上的陰影,呈現的是企業的美剛好是消費者的最愛,而且競品也還沒講過,這就是有辨識度的品牌詞。看到這邊很多人會說對對對,這兩個重疊再扣掉那個,就是

三個圈

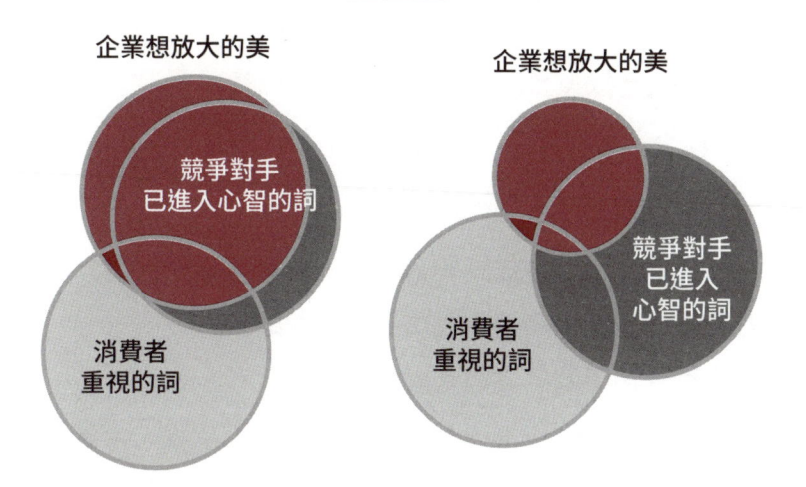

左圖： 企業想放大的美 / 競爭對手已進入心智的詞 / 消費者重視的詞

右圖： 企業想放大的美 / 競爭對手已進入心智的詞 / 消費者重視的詞

企業該選擇的訊息。真的是這樣嗎？

看過《峰1》的人就知道，想得美。正所謂理想很豐滿，現實很骨感，真實的世界裡，常常是你和競爭對手大量的重疊，有差異的就是那麼一咪咪。

更恐怖的情況就是，競爭對手和消費者重疊的部分比你多很多，你只有非常少的一點點。這才是我每天在做企業諮詢時看到的現狀。所以說怎麼辦呢？答案很簡單，企業可以看看淺灰色的部分啊。消費者重視的詞，還有很多沒有被佔領，前面已經講過的「挖出一卡車的詞」，就是在教你怎麼挖出消費者最重視的部分。

選擇品牌訊息的八個原則

所以綜合以上所講，如何選擇三個適配的品牌訊息？要符合以下八個原則：

1. 四維度缺哪個維度的詞要補：
   三個訊息，一個進店、一個轉化、一個值了
2. 四維度的詞要用高熵與高信息增益檢驗
3. 四維度運用不同的淺層深層處理信息
4. 存量的詞，就是已進入高淨值人群的詞要放大；增量的詞，就是未曾愛過與不愛你的人，障礙的詞要滅掉
5. 愈多 MOT 體現的詞，才能疊加
6. 品類詞源自第一性與七情
7. 品牌詞才是放大你的美
8. 利用三個圈找到你的辨識度

根據這八個原則選出來的三個訊息，要放回品牌輪藍圖。一個 TA，八個 MOT，三個品牌訊息，一直要進行到這邊，你的品牌輪才算完成。我們才能夠進入到最後的落地 MOTX，去創造峰值體驗。

讓品牌魂體合一

做品牌最大的問題,就是人不連,訊息不連,關鍵時刻也不連。TA 和 MOT 不連,就會做錯事;因為你對消費者不瞭解,你做的就不會是他要的。TA 和品牌訊息不連,就會說錯話;你講的不是他想聽的,同時,你很有可能在錯的時間講了不對的話,例如拿「好吃」這個訊息去進店,複購的訊息拿去進店就不會有用。MOT 和訊息不連,就會表錯情;明明想要表示食物很新鮮,卻沒有在關鍵時刻去體現,消費者就沒有 get 到你的訊息。

- ☒ 做錯事｜TA、MOT 不連
- ☒ 說錯話｜TA、訊息不連
- ☒ 表錯情｜MOT、訊息不連

做錯事、說錯話、表錯情,這些統統都是 290、無效工,會讓品牌魂不附體。魂不附體時品牌想表現出來的品牌個性、品牌價值等等,全部都和消費者實際感受到的是兩回事。品牌輪的四元件 TA、品牌訊息、MOT、MOTX 要統統連在一起,品牌才能魂體合一,TA 才能在關鍵時刻,體驗我們想傳遞的訊息,並做出我們所期待的事。

PART 3

落地變現

- 找到你的美,放大你的美;植入心智,產生行為
- 產品畫布與十二個 MOTX 落地點
- 落地的戰略模型:X3 畫布
- 企業實戰:洞察 i 畫布 + 落地 X3 畫布

CHAPTER 8

找到你的美,放大你的美;
植入心智,產生行為

　　不管是我在講課,或者進入企業做品牌輔導案,我一定不斷強調「找到你的美,放大你的美」。企業常常很美,但自己沒有看到;或者自以為的美,消費者沒反應。

　　所以第一題來了,企業要如何找到自己的美呢?

　　我們整個第三章「洞察」都在講怎麼找。我這邊幫大家整理一下。

　　洞察的三個主體,第一是自己,第二是消費者,第三是競爭對手。洞察消費者可以訪談四種人:小紅、小黑、紅轉黑、以及小白。針對四大維度的「四個沒有」:沒有印記、沒有透傳、沒有差異、沒有故事,還有12個洞察點。這邊不再重複。

洞察就是找到你的美，
落地就是放大你的美

企業透過洞察去找自己的美，必須要能回答以下這八個問題：

1. 你的美是對**增量**友善，還是對**存量**友善？
2. 你的美是你的**印記**嗎？
3. 你的美是**高熵**，還是**高信息增益**？
4. 你的美能讓客戶覺得**值了**嗎？
5. 你的美可以讓客戶**裝起來**嗎？
6. 你的美跟**第一性**有關嗎？
7. 你的美能滿足了**七情**的哪一個？
8. 你的美是**系統一**，還是**系統二**？

企業的美、品牌的美、以及產品的美，一定是要和底層邏輯有關，才具有複製的商業價值。在洞察的過程中，需要以上面八個問題反覆進行檢驗，如果符合愈多題的，那就是你的美。

做品牌的終局，就是要建立品牌辨識度。放大你的美，就是印記不斷疊加之後變成心智資產。印記有那些？

請翻到前面講過的「十大印記」，包括顏色、產品外觀、Logo、代言人、廣告語……等等。

美要能夠被放大，要不只一個 MOT 都體現同一個訊息，才會植入心智。例如餐廳想主打「新鮮」，就在門口放了打氣魚缸，活魚、活蝦各種海鮮在裡面游來游去，客人點了之後現殺、現煮，客人就會覺得你很新鮮。美要能夠被放大，一定要在多個 MOT 同時都被感知到。

體驗設計兩件事：
植入心智，產生行為

一個有效的峰值體驗，一定能讓消費者進入心智，產生行為。所以植入心智要怎麼做？

首先，就是好好利用「十大印記」去在 MOTX 進行疊加，疊加才會進入心智。印記在 MOT 透過體驗不斷的重複出現，消費者在這裡和在那裡都一直被印記覆蓋，印記一層一層疊加上去，久了就會在消費者心中形成烙印。

再來就是免教育的訊息，三源流、免教育、共享認知，消費者本來就覺得是這樣，你一講他馬上秒懂。從消費者腦海裡拿出來再放回去，進入心智的速度最快。

進入消費者心智的第三個重點，就是要利用深層處理。深層處理一定會牽涉情緒，也就是馬斯洛講的「七情」。例如品牌擬人化，品牌具有個性之後就會牽動人的情感投射，就更容易進入心智。

　　再來就是，高熵訊息與高訊息增益想要平衡？四大維度就必須要用到三個訊息，一個訊息用來「進店」，一個用來「轉化」，一個訊息用來值了變「推薦」，這都表達了訊息要用對地方才會進入心智。

　　最後要記得，靠峰值體驗 MOTX 去建立認知，讓訊息進入心智。以上是「植入心智」我幫大家做的整理。

　　體驗設計兩件事，植入心智講完，我們來講「產生行為」。要如何讓消費者做出我們期待他做的事情呢？

　　我們先來認識一個有名的行為理論「**福格行為模型**」，這是美國史丹佛大學行為設計實驗室創辦人福格（BJ Fogg）博士所提出，他認為一個行為要能產生，需要具備「動機」、「能力」、「促發」這三個要素同時存在。B（behavior）是行為，M（motivation）是動機，A（ability）是能力，P（prompt）是促發。模型寫成：

B = MAP

人會產生行為，一個因素就在於「**動機**」。

讓我們回想一下前面內容提到過的馬斯洛七情，一個人會去做一件事，肯定是因為他想做，他有做這件事的動機或者欲望。例如一個人會去喝手搖飲奶茶，是因為他想對自己好一點。情緒是強動機，如果我們想要改變一個人，或者驅動一個行為發生，一定要掌握他的情緒。

然後講到「能力」，福格總結了組成能力鍊條的因素：時間、金錢、體力、腦力、社會觀感、以及日常排程，**能不能產生行為，取決於能力鏈中最脆弱的那一環**。訪談消費者為什麼不買？「太複雜，我不想聽」、「好麻煩我不想弄」、「我感覺很貴」、「沒時間搞這些」⋯⋯很多時候消費者不買，不是因為東西不好，而是障礙實在太多。所以需要變簡單，降低障礙，他才有能力跟我們交易。

要怎麼去「促發」消費者呢？就是要「把風吹起來」，再加上人、貨、場的「場景」去對標人群。尤其是高頻場景，消費者一下子就會被吹動。

福格行為模型的成立有一個底層，是「獎勵系統」（reward system）。當人做這個行為因此獲得正面情緒時。大腦就會產生多巴胺（dopamine），多巴胺會讓你產生愉悅，甚至上癮。相反的，不好的情緒也會反向回饋影響行

消費者在四大維度的不同角色

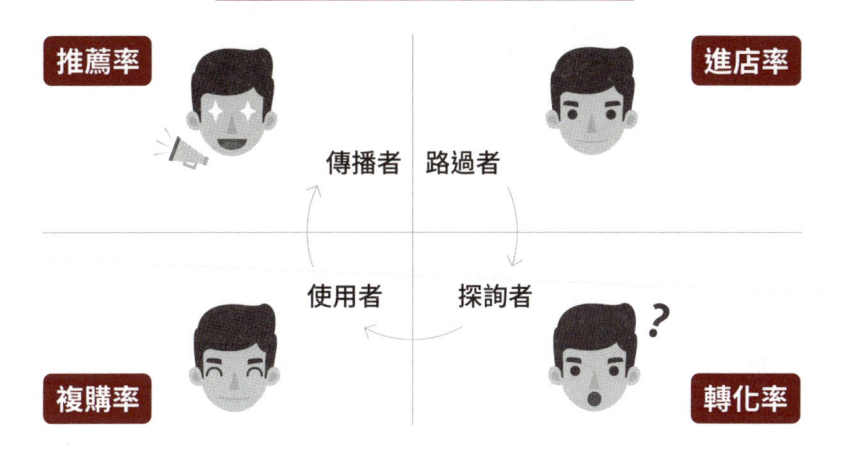

推薦率		進店率
	傳播者　路過者	
	使用者　探詢者	
複購率		轉化率

為。在做體驗設計時,我們必須要將獎勵系統放進去行為機制當中。我常說人什麼時候最常看手機?有人說無聊的時候,我覺得不是,是你剛發文的時候。因為你一定會想知道有沒有人給你點讚。讚,就是獎勵系統,要有人給你的文章按讚、轉發、訂閱,才能讓你的發文行為持續下去。「被看見」是重大獎勵,這是人性的底層需求,如果要鼓勵行為產生,一定要有獎勵。

所以到底要消費者產生什麼行為呢?簡單說,就是把消費者的角色往前推進一個維度,到下個角色就對了。當他在進店這個維度時,角色是個「路過者」,我們就要把他往下一個維度的角色「探詢者」去推進;接續就要把探詢者推進成為「使用者」,使用者推進成為「推薦者」。

體驗設計兩件事

植入心智

1. 「十大印記」與 MOTX 疊加進入心智
2. 「免教育」訊息,拿出來放進去更簡單
3. 深層處理才會進入心智,品牌擬人喚起「情緒」,情緒是深層處理的一種方式,更容易進入心智
4. 高熵與高訊息增益要平衡,四大維度不同的三個訊息
5. 體驗建立認知,峰值體驗 MOTX 讓訊息進入心智

產生行為

1. 「情緒」是強動機
2. 「變簡單」降低障礙,有能力
3. 「把風吹起來」加上「場景」對標人群,促發消費者
4. 「裝起來」被看見,大獎勵
5. 把消費者往前推進一個角色就對了

CHAPTER 9

產品畫布與十二個 MOTX 落地點

企業要如何打造出名利雙收，人財兩得的產品組合呢？就是同時要有吸睛、流量、利潤、經典這四種產品。

有了「吸睛產品」你才會被關注，要有「流量產品」你才有大增長；但只有流量產品，公司不會賺錢，還必須要有高頻「利潤產品」你才能獲利變現，否則只是營業額增加了，公司並沒有真正獲利。而唯有公司有了經典款，有了人家叫得出名號的「經典商品」時，你才有資格叫做大品牌。

那要如何做出吸睛、流量、利潤、經典，這四種產品呢？

產品畫布：
吸睛、流量、利潤、經典產品

吸睛產品：首先熵值要高，用來進店的產品要有點新鮮好玩，要漂亮好看，要吸引人的好奇心；也就是產品本身要很高熵，消費者才會始於迷惑。吸睛產品要用上十大印記，吸引 BTA 購買。並且要做到品類進化，例如鮮萃黑巧，就是黑巧克力的進化。

流量產品：想要製造爆款，就要用上大錨，錨就是參照點，屬於高信息增益；給出確定性的答案是流量商品的必備，並且要移除所有障礙。流量產品要對小白友好，對小黑也友好，並且流量產品一定要關注首單體驗。

針對爆款商品我有兩個提醒，一是企業做爆款的目的，是要賣給消費者下一個利潤產品。爆款這種引流商品常常是不賺錢的，一定要把消費者往複購推進，千萬不要讓消費者買這一單就完畢，這樣企業犧牲利潤獲得的流量統統都是浪費。簡單講，爆品是爆了，但是首單即終單。

第二個提醒就是，如果你真的做出來一款爆品，你要立刻有其它東西能讓消費者一買再買，這就是「再買234」。鮮萃黑巧好吃，賣爆，在一開始就想好，下個月

立刻推出藍莓、草莓、抹茶等八種口味。你要有辦法做到這樣快速的供給，才能收割爆品引進來的巨大流量。

所以說，爆款不是隨便做的事，「再買234」才是關鍵。企業要把供應鏈提早準備好，否則熵值週期愈來愈短，等做起來再說，風一下子就吹過去了。

複購講的是高頻場景，如果企業能找到高頻場景，而這個產品又有利潤，那你肯定光明又燦爛。舉例，服飾最重視的就是衣服要百搭，其實就是兩搭，上班跟下班，一件衣服如果上班可以穿，下班也可以穿，就是跨場景，跨場景消費者就會覺得值，就是「十值」裡說的「變頻」。

如果你這件衣服只有單一場景可以用，那個場景就要非常重要，因為場景就等於是人的可支配時間。例如說要去拜訪大客戶穿的戰袍，或者參加婚禮或者尾牙派對的華麗小禮服，你會花大量時間坐在那裡，希望被看見、被看重。所以場景才是關鍵，這才是「人、貨、場」的思維。

關鍵時刻 關鍵思維

做爆款的 2 提醒：
1. 要把消費者往複購推進
2. 爆款後趁勝追擊，有東西讓消費者一買再買（再買234）

利潤商品：一定要讓消費者覺得值了，然後不斷的複購。消費者十個覺得「值了」的時刻請見前面章節。複購的產品要對 HTA 友好，讓高淨值人群覺得你超懂他。這時候產品或品牌需要擬人化，去跟消費者在情感層面互動，深層處理才容易進入心智。

經典產品：就是大 V 要有故事可以講，畢竟他講一句的傳播力道抵一萬句。經典款就是要讓消費者裝起來、被看見。像是以珠寶設計來說，梵克雅寶（Van Cleef & Arpels）的四葉幸運草，蒂芙尼（Tiffany）的微笑項鍊，寶格麗（BVLGARI）的靈蛇等設計，這些經典款的標誌符號都超級突出，非常容易讓人一眼即知，「懂的都懂」，就非常可以裝起來。已成名的明星經典款可以迭代復刻，繼續經典款的生命力，例如第七代小棕瓶、iphone15 等等。

品牌的產品畫布，一定要同時操作「吸睛」、「流量」、「利潤」、「經典」這四種產品；這四種產品才能有效進店、轉化、複購和推薦，也才會有機會非線性增長。如果這個產品畫布還要再簡化，那可以濃縮為這兩句話：

存量就該問你拿什麼產品一買再買，
增量就該問你拿什麼產品吸引進店。

這也就是「**存量更值、增量破圈**」的雙增長模型。

品牌輪 MOTX 的產品組成

迭代復刻	大 V 倍傳		高熵進店	品類進化
圈層認同	十裝看見		十大印記	BTA 破圈

推薦率 **經典產品**　　**吸睛產品** **進店率**

進店訊息

推薦訊息　　**目標客群**　　轉化訊息

複購率 **利潤產品**　　**流量產品** **轉化率**

懂你 HTA	十值複購		十大障礙	黑白友好
擬人深層	高頻場景		大錨增益	首單體驗

第 9 章 產品畫布與十二個 MOTX 落地點

如何做出峰值體驗 MOTX 的
十二個落地點？

如果說，洞察就是解碼人心，那麼，落地就是編碼植入。我們在前面已經學習了怎麼透過洞察去逐一破譯人性底層需求的驅動力，現在要進入打造峰值體驗、落地的環節，學習把印記有效地放回心智裡面，並產生行為。

《峰1》裡也曾講過四大維度的 12 個落地點，經過這段時間企業案例落地實操，12 個落地點融入新的底層邏輯，做了大升級，接下來我們一個一個維度展開來講。

進店維度的 MOTX

進店有三個落地點：
「就是這樣、那是怎樣？怎會這樣？」
大家看書看到這邊，不妨把眼睛閉起來跟著唸三遍。這樣同時動用了視覺和聽覺，你的腦子會更容易背起來。

在進店這個階段，消費者的角色是「路過者」，比如說跟消費者講「新鮮」，就需要在店門口切牛肉、現榨柳橙汁、現捏現蒸小籠包，需要「就是這樣」的直觀表達。

名人「帶貨」,就是標準的進店維度的落地。例如說天團 BLACKPINK 裡的 Rosé 為聖羅蘭(Saint Laurent)帶來的曝光和經濟效益,讓這個品牌的營收在五年內翻了一倍以上,一個人救一個品牌差不多是這個意思。這些頂級明星就是絕對性的大錨,「Lisa 同款」、「安海瑟薇的寶格麗珠寶」、「大谷翔平代言的無糖綠茶」,頂流代言之所以能收取天價,是因為只要他們穿戴上身的東西沒有不爆的。流量明星和網紅在社交媒體上的傳播價值,甚至高過品牌本身的流量,幫助品牌接觸到很多以前並不關心產品的路人。現在做品牌要引流進店,已經沒有辦法不靠網紅幫忙吹風。

　　這些網紅全平台、全方位每天不停的鼓吹,「現在流行什麼,你有沒有跟上」的持續輸出,非常能驅動跟風者的好奇心,想知道「那是怎樣」的人想要開眼界、趕時髦、湊熱鬧的特質被錨勾起來,就會促發進店。

　　第三種「怎麼會這樣」,就是要打破劇本。要利用衝撞中西、新舊、古今,跨界、跨世代的「反差」,這裡我可以舉童涵春堂的例子來說明。童涵春堂是中國一家有 240 年歷史的知名中藥老鋪,位於上海豫園,和老廟黃金遇到的問題類似,豫園一年 4,500 萬人次到訪的流量紅利

無法變現,豫園人均消費低於 20 元人民幣,即使人流進了童涵春堂也不會買。

這也不難理解啦,大家都是去豫園觀光旅遊的,誰出去玩會去中藥舖買一隻野山蔘王?

為了最大程度地去接觸豫園的年輕群眾,童涵春堂以中藥底蘊推出的手搖茶飲,以「二十四節氣」為主梗,一推出就成為爆品。童涵春堂用自己的百年老字號古方做錨當背書,玩了一個非常吸睛的「食補茶飲」的文化翻轉。「欸,沒喝過,好新奇,來嘗試一下」,「好多人排隊,我也要跟」,馬上就形成了一股風潮。目前「二十四節氣茶」已經獨立成為童涵春堂的子品牌了。

進店率	消費者角色：路過者		
始於迷惑	就是這樣	1+2印記	・這裡有「我要的」，我在乎的 ・三個黃金時刻：最初建立你的印記，你的辨識度 ・利用「參照點」去錨定
	那是怎樣	風吹起來	・風要吹起來！ ・「現在流行什麼？我有沒有跟上？」，運用好奇心、湊熱鬧、長見識，愈是最新、最火、沒見過，愈想去看看 ・四大平台「觸達」消費者，「激發」進店、點擊
	怎會這樣	打破劇本	・打破劇本，是體驗設計的關鍵，打破習慣才能獲取新客，破圈增量 ・利用新舊、古今、跨界、中西、跨世代，反差交錯融合，產生驚喜 ・你以為是這樣，結果不是！「衝撞」是關鍵詞

MOTX 在四大維度的落地點

傳於印記

你的美,就是你的故事,
五感印記存取更易

印記裂變

找出圈層裡的大節點他是誰,
效果才會倍增

誰來推薦

客戶透過你的產品,
告訴別人我是誰

分享動機

一個習慣的養成
是要有回饋機制的

回饋與障礙

客戶在使用產品
最常出現問題的時刻為何

出現問題的時候

什麼時刻覺得值了

什麼時候客戶覺得值了

忠於習慣

始於迷惑

- **編碼衝撞** — 打破劇本,才能打破習慣
- **最初系統 1+2** — 運用系統一,進入客戶最初的黃金時刻
- **秒抓心理** — 愈是新、火,愈沒看過,我們愈想要去看看,長見識
- **試吃試穿試用試課** — 試用的場景是關鍵時刻,最後怎麼轉下單
- **可視化你的美** — 客戶進行決策時,你的美有哪些可視化的訊息,有沒有被放大
- **指向性信任狀** — 降低選擇障礙,大數據刺激轉化

陷於套路

第 9 章 產品畫布與十二個 MOTX 落地點 215

轉化維度的 MOTX

提升轉化率對企業而言是效率最高的投資。流量來了之後怎麼變現，講的就是轉化率。

轉化也有三個落地點：

「試這個、看這個、買這個」。

「試用」這個場景是絕對的關鍵時刻，我無法強調這有多重要。包括體驗新車要試駕、試乘，餐飲業要試吃、試喝，到試穿、試課、試玩，所有的試試看都算。

「試用」才是真正的首單體驗。大家都以為首單體驗講的是東西買回去之後才發生，但其實在還沒買之前，體驗已然展開。

以買衣服來說，客人還在試衣間，衣服上身的那一秒她已經在做決定了。所以，衣服的材質手感摸起來怎麼樣？她從試衣間出來以後，店員怎麼說？結果你的店員只會說「真好看」、「這件我自己也有帶」，這就叫做「詞窮」。你在「試用」這個階段不好好處理，也不員工訓練，比賽到這邊就結束了。

轉化率再一個重要的落地，就是你的美要「可視化」。研究顯示人的大腦對視覺輸入的訊息吸收率最高，達 83%，對聽覺輸入訊息吸收率則為 11%，如果視覺加聽覺並用，則訊息吸收率能達到 94%。不過，聽覺是可以主動屏蔽的五感，你看，那些小朋友看卡通片時整個出神，你叫他他會理你才怪，根本聽不到的。這就跟一位店員在你旁邊一直講話，其實你根本沒有在聽，是一樣的意思。

　　所以「視覺」作為人類的優勢訊息接收器，我們應該要將自己的美放大。只是企業常常就是喜歡用講的、用寫的，美沒有可視化。新鮮怎麼可視化表達？在餐廳門口寫一個大字報說自己好新鮮，這才真的沒用。還不如在門口現切牛肉，立刻覺得新鮮。

　　再來就是「買這個」。面對消費者的選擇障礙，我們一開始就要設計好，這個是新手專用，老手麻煩看這邊，直接指路，幫消費者對標好。現在很多企業很心急，一上來就把所有好東西統統推上來，「我讓你好好選擇」，選個夠，這就完蛋了，消費者馬上看不懂，不知道怎麼選。我們所做的一切，都要能加速消費者做出選擇。

轉化率	消費者角色：探詢者		
陷於套路	試這個	試吃試穿試用試課	・試用，改變消費者角色，改變消費者的視角 ・降低消費者的選擇障礙 ・試用必須有峰值，體現「訊息」，必須要有五感記憶點
	看這個	可視化你的美	・放大你的美，讓你的美被看見，你的美要透傳 ・對比和反差讓你的美放更大，前後對比、你與競品的對比 ・核心訊息必須五感化
	買這個	指向性信任狀	・降低「選擇障礙」，「先避損後趨利」，「變短與稀缺」降低首單的門檻，建立首單體驗 ・運用大數據排行榜，清楚告訴客戶買哪一樣 ・猜你喜歡很重要，演算法是終極答案

Case Study ｜ 訂製家具索菲亞 將銷售可視化

我們在輔導索菲亞這個客製化系統家具品牌時，做了消費者洞察研究，有一個消費者痛點，我們稱之為「裝潢十大後悔之首」，就是「所見非所得」。

簡單講，就是看設計師出圖時覺得很美，真正施工完畢後一塌糊塗。這是消費者覺得一個高風險的坑，也是最不想遇見的事。

「裝潢水太深了」是消費者的隱含假設，我們就針對這個最大的避損需求，進行 MOTX 體驗設計。

索菲亞家居將過去完成執行的案子，前後的對比圖製做成冊，在門市裡提供消費者翻閱。效果圖及完工實景照，消費者一看便知。

門市裡一比一還原多個不同裝潢風格的家居體驗場景，讓消費者進店後臨場感受，這種用裝潢風格溝通，而非單品銷售的思維，能夠在銷售最前期與消費者進行對焦。「效果圖交付＝效果圖驗收」，索菲亞承諾 99% 以上的還原度，消費者只需要按圖比對即可。

索菲亚所见即所得图库

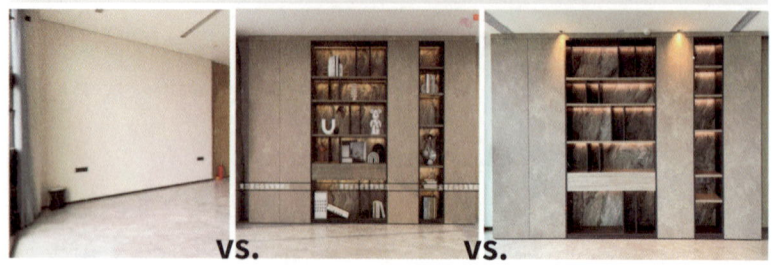

全球定制看中国 中国定制看索菲亚

vs.   vs.

現場圖   效果圖   安裝圖

索菲亞在銷售工具上的可視化，還包括空間、材料配置表的清單化，加上報價透明也予以可視化。這些銷售可視化的努力，都能大幅度降低消費者的選擇障礙，同時也降低了銷售人員的溝通障礙。

每次，我陪同索菲亞的老闆去巡店，或者參加索菲亞總部開發的 MOT 關鍵時刻經銷商培訓時，都會聽到每一個業務同仁琅琅上口：「先講坑，再講美」，「印記要疊加」，「要講錨，錨是什麼」，跟念咒語一樣不斷複誦，這時我都會大笑，大家真是太棒了。

跟索菲亞的第一線業務們落地這套心法時，整個實踐下來也跟他們學習非常多。關鍵節點如果夠簡單，直擊核

心，節點就會迅速植入人的腦中。這些銷售人員是絕對的業績導向，當心法有用，能有效幫助銷售，他們還會自行升級，互相較勁誰用的錨最有效，誰的詞庫更高級。

看到這些業務同仁熱切地跟我炫耀他們的優秀戰績時，都覺得太令人興奮了。我見證到節點串聯起來後，會在企業內部長成一個生態體系，這個體系會自然進化、迭代成長，希望這個案例能給大家帶來一些靈感啟發。

複購維度的 MOTX

複購維度一樣有三句話：
「值了你、懂我你、真有你」。

首先複購一定要讓消費者覺得值了，這些關鍵時刻請參閱前面章節提到的十個值了的時刻。如果消費者覺得不值，企業損失巨大，因為不值便不再推薦，影響進店；不值也不會再買，影響轉化。消費者只要覺得不值，會一次連累所有維度，實在很嚴重。

現代商業競爭已經是沒有大數據、沒有資料庫就下課了的時代，但有數據是一回事，關鍵是你用什麼維度去分析。增量還是存量？高淨值還是低淨值？小紅、小黑、紅

轉黑、小白,還是BTA、RTA,有沒有用第一性的「人、貨、場」去貼標籤?

沒有用底層邏輯去分析,只是用「平均」數據會產生錯誤的判斷。這就好像喜馬拉雅App的首頁,你是用增量去分析點擊的位置,還是用存量去分析?答案就會有巨大的不同。這個「你懂我」做得超厲害的典範是誰?沒錯,就是網飛(Netflix)。

你看過這個片子,下一部推送的都八九不離十,所以你就會一看再看,就會去訂閱。不要以為這很基礎,有很多平台,要不你永遠滑不到你想看的片子或商品,或者永遠滑到都是你不想看的,不用幾次你就取消訂閱了。

弄懂消費者,「雙向貼標」是體驗設計裡「複購」的關鍵。做平台的企業,只要你的產品夠多,但你卻不在產品和消費者之間雙向都貼上標籤,這個「你懂我」是做不到的。例如前面講過的喜馬拉雅App,你以為聽相聲的人要的是戲曲藝術或幽默表演,但其實他要的是睡覺,要的是放鬆,這才是重點。答案就是要用第一性的「人、貨、場」去貼標,「猜你喜歡」才能精準。

第三個就是真有你的,企業有沒有「再買234」的東西,能讓消費者一買再買。你的產品組合裡面,必須吸睛

產品、流量產品、利潤產品、經典產品都要有，最怕就是你只有一種產品可以賣。

現在的競爭很殘酷，對手要獲得流量，最快的方法怎麼做？很簡單，就是找到你們公司什麼是利潤產品，就把它打成他的流量產品。也就是把你公司最賺錢的產品直接半價出售，甚至免費，這種做法競品當然不獲利，但會收割一大波流量。

其實這種操作已經非常常見。舉例，喜馬拉雅 App 過去靠有聲書賺錢，結果番茄小說網、荔枝 FM 這一批平台直接把有聲書變成不要錢；他們有沒有賺錢不知道，但喜馬拉雅這一塊立刻就滑下來。

喜馬拉雅如何因應？它快速移動到播客（Podcast）戰場。播客既是流量產品，也是利潤產品，能快速起飛。複購這個維度的要點，就是你要有產品能讓客人一買再買，並且穩定交付。企業持續打造新的利潤產品很關鍵。

這裡我們需要將第一性人、貨、場思維用起來，在複購我們要不斷讓小紅變成大紅，不斷製造超愛我們的消費者。真正愛你的消費者足夠多，非線性成長便指日可待，時間一到就會爆發。也就是在複購這個維度我們要廣積糧，大量累積小紅和大紅。

複購率	消費者角色：使用者		
忠於習慣	值了你	什麼時刻覺得值了	・讓客戶「覺得值了」的十個時刻 ・覺得值了，客戶才會再買，就是買這個值，買你這個美 ・這個值必須標準化，穩定交付，才能讓客戶一買再買
	懂我你	猜你喜歡	・你該專業，你該懂我 ・我買過什麼？我還缺什麼？告訴我，我還需要什麼？ ・猜你喜歡、「演算法」是複購效率的關鍵
	真有你	各取所需	・你還有什麼？你有更好的嗎？ ・我的喜好跟別人不同，你能滿足我嗎？ ・你對我跟別人有什麼不一樣？讓我願意一買再買，愈買愈多

如果企業的消費者都只是韭菜，要知道，韭菜是留不住的，沒有辦法累積造成後續爆發。流量進來之後，我們要有東西讓消費者移過去利潤產品，而不是明星代言結束之後，或降價結束之後，銷售就跑不動。在複購這裡，有沒有產品讓消費者覺得值了？一買再買，覺得值了一直推薦，這就是存量閉環。這一點非常重要。

Case Study｜Curves 可爾姿女性健身房 一對一專屬量身面談

　　Curves 可爾姿健身房是一個全球連鎖健身房品牌，於 1992 年發跡於美國，以專為女性設計的 30 分鐘環狀運動成功切入女性健身市場。Curves 於 2007 年進入台灣市場，目前在台灣擁有 141 家分店，會員人數達 4.5 萬人，是一家年營收約新台幣 5.5 億元、全台最大的女性健身連鎖加盟品牌公司（2023 年資料）。

　　我們在幫 Curves 做消費者洞察時，針對存量進行研究後，發現有一個挑戰，就是現有會員不太能夠在 Curves 得到成就感。有忠實會員在訪談中表示，Curves 每個月都會和會員做量身面談，她也很期待知道自己在經過了一個月

的努力之後結果怎麼樣，但是教練的建議總是雷同，而且不直白，也沒有提供科學數據內容。這個老會員覺得這樣下去沒有辦法突破瓶頸，感到挫折，甚至考慮換健身房。

這個量身面談的過程，是一個很重要的 MOTX。如果這個過程過於簡短或者太制式，或缺乏深度的解說與指導，會員可能就會覺得這個健身房滿足不了個人期待。

這是很典型的使用障礙，懷疑訓練方式不適合自己，教練解說聽不懂，面談過程不夠專業，就會覺得不值。

針對會員量身面談這個 MOTX 的落地，我們做了一個升級調整。Curves 的美在於一對一客製化量身面談，每個月提供會員一次醫療等級的身體組成分析儀（InBody）量身面談，這在其他健身房是需要額外付費的服務，但 Curves 會員能每個月免費享有。

InBody 是一種高精度的生物電阻抗分析儀器，可以測量出體脂肪量、肌肉量、骨重量、與評估身體水分分布。相信有在運動健身的人，或有定期在做身體健康檢的人，可能都拿過 InBody 的制式報告。

所以，Curves 對於會員的量身面談服務，除了提供 InBody 數據報告之外，Curves 也會將會員的身體素質的前後對比，以可視化的方式呈現。這個月與上個月的運動效

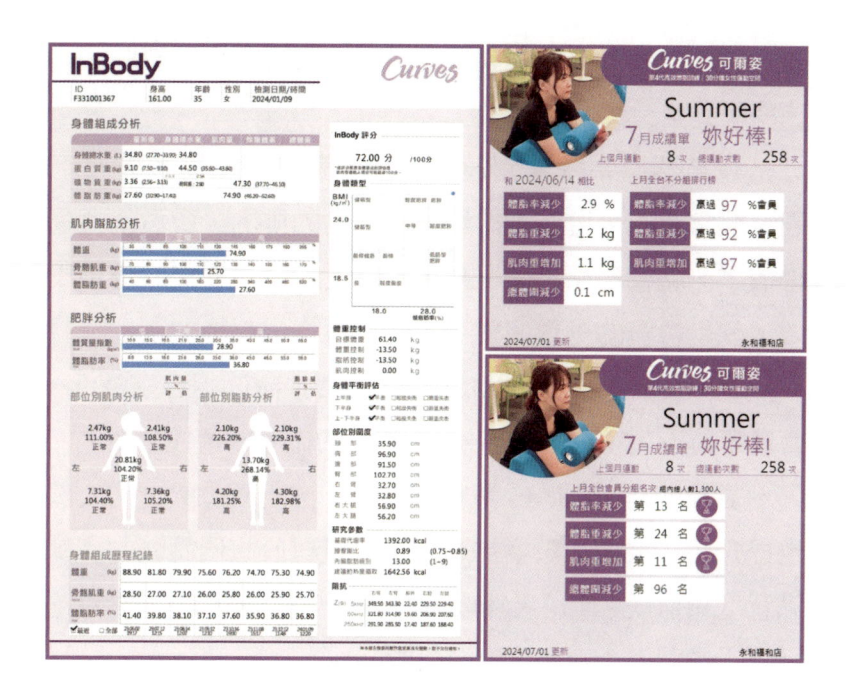

果一目了然，能很有效的激勵會員維持運動計畫。

更厲害的是，這個 InBody 檢測成績，Curves 會進行每月的全台分店排行榜。運動次數有幾次，體脂率降低的幅度贏過多少人，讓會員形成一個高黏度的運動社群，互相激勵，非常有參與感。

這個可視化的排行榜，是每個月彙整全台分店的 InBody 數據後自動產生的，一上線後就引發會員熱烈的好評，每個會員一拿到報告的第一個動作就是轉發給朋友

第 9 章 產品畫布與十二個 MOTX 落地點 227

圈,炫耀這個月自己運動了多少次,也比較在減體脂肪的比率排到全台灣第幾名。

會員透過系統看到健身成果,對自己的進步非常直觀、非常有感,這在別的地方拿不到的排名,會員就會覺得值了,就會一來再來。系統工具上線後最直接的商業成效,就是會員的「請假率」及「退會率」都降低了。請假率降低,表示會員更願意持續保持運動習慣;退會率降低,會員不再流失,就表示這個 MOTX 的確有效留住會員。

更棒的是,Curves 觀察到會員「推薦新會員」的人數也提升了,推薦人數增加顯示出會員對於這個體驗的高度滿意度和信任。使用者變成傳播者,一次改善了「複購率」以及「推薦率」兩個維度的指標。

推薦維度的 MOTX

推薦一樣有三個落地點:
「我是誰、他是誰、你是誰」。

企業要搞清楚,消費者永遠都是主角;他是透過你的產品去告訴別人我是誰。所以推薦率這個維度,**推薦的主體是誰呢?是消費者他自己。**企業千萬不要搞錯了,消費

者要表達的是「他自己」，只是過程當中順便講到你而已。企業或品牌沒有消費者自己來得重要，這一點先弄明白。

所以在推薦這個維度裡，要落地有一個關鍵，就是要讓消費者「二創」，就是讓他能藉由你去展示自己。舉例YouTube、抖音、臉書、微信朋友圈，點讚、轉發、評論都算是二創，這些分享動作的背後動機都是希望被看見。

再來講到大V、網紅、KOL，消費者為什麼會跟隨這些人？為什麼會推這篇文？正是因為氣味相投，他的觀點我有共鳴，出發的動機都還是我、我、我，要讓人知道我是誰。所以這個概念各位一定要理解，就是「他是誰」。

要進入不同圈層，就需要找到大的傳播者，而且這個大傳播者如果還是你的使用者，那就更不得了，能無比加速訊息的推進，破圈速度更快。

篝火與小麥，韭菜與人蔘

私域的底層，就是篝火。火在人類文明史上的重要性就不解釋，篝火（bonfire）又稱為營火，在史前時代，夜晚圍著火堆進行的談話，有助於產生更高級的思想，像是發明語言、用石頭製作工具的散佈等等，都離不開篝火。

熟食、營地、語言、交流、抵禦、八卦、交易、娛樂，這些現代人私域圈層的底層邏輯，和老祖宗們在營火堆旁產生的行為並沒有本質上的差別。

人類社群互動的本質，都是先交流、再交易。結果現在企業都反著做，先交易、再交流，有時侯還不交流。我看很多圈層就是每天催下去，一直在交易，你一直強賣東西，很快大家就退群了，這種經營方式很難產生黏性。

黏性是什麼？就是篝火的氛圍，就等同於圈層裡面所有人的互動品質。篝火與社群，都能夠提供溫暖、光亮、安全、知識，讓大家有歸屬感。來參加就有收穫，能被看見，會想要對群體有所貢獻……這些深層處理的情感連結，才能凝聚人性，產生黏性。

古代獵人在篝火邊吹牛，今天在哪裡打了一頭大象，跟現代私董會創始人分享公司多厲害，最近做了什麼驚人的事，是完全一樣的場景。古代的羅馬競技場，就是現代人的直播平台，用盡渾身解數聚眾圍觀，人類的很多行為和老祖宗都一樣，只是形式改了。但突出個人、想被看見，底層完全是一樣的。

只要篝火燒得夠旺，照得夠亮，就會吸引其他部落加入，一傳千里。

推薦率	消費者角色：傳播者		
傳於印記	我是誰	分享動機	・消費者透過你的產品，告訴別人「我是誰」 ・品牌、產品、場景都是載體，讓客戶「參與二創」他的內容去「分享」，這就是最佳推薦動機
	他是誰	誰來推薦	・找出目標圈層裡的大節點，老客人、鐵粉、大V、KOL，推薦效果才會大大倍增 ・相同的情感需求，社群氛圍，私域底層是證明我並不孤獨
	你是誰	印記裂變	・你的美就是你能讓客戶裝的不同，你讓消費者裝得愈凶，你的溢價就愈高 ・消費者往身上貼標籤，用了你就代表我是誰，被看見才是推薦的強動機

營地的火不能滅,就需要持續的添柴加火,要助燃;所以經營私域就需要不斷地投入時間、精力進行內容互動,像維持篝火不滅一樣,去確保它能夠持續地有吸引力和溫暖,這裡的重點就是要多對多(N vs. N)。

一對多(1 vs. N)這種單向傳播,要讓圈層保持黏性是很吃力的。即使再頂流的韓星都需要站姐、應援團、歌友會等,系統化地組織活動去助攻,才能遍地開花、保持熱度。因此在「推薦」這個維度,企業要想辦法做局,讓圈層裡面的人自己動起來,互相進行交流。

篝火是私域的底層,那公域的底層就是種小麥。種植小麥對人類的歷史影響深遠,當人類開始種植農作物,不再需要依賴狩獵和採集為生,這使得人類開始在一個地方長期定居。定居生活型態的出現,是關鍵時刻。

古代人因為種小麥開始群聚,現代人花大量時間在各大平台(如抖音、Facebook、YouTube、IG、小紅書)上停留匯聚,瀏覽、互動和購物,產生巨大流量和曝光。簡單講,古代種小麥,人類群居溫飽;現代平台種草,養粉曝光。

種植小麥後的迭代進化就是效率、大規模、生產技術、計劃經濟,生態圈、交易平台;小麥的種植與收割都要按

時間、按規劃,才能將其商業價值發揮到最大。經營平台流量更是如此。

但不同的田、不同的作物,經濟價值也不同,這就是關鍵了。你應該秒懂,並不是每個大V的流量都值錢,有的能帶貨,有的就不能。

種什麼才是經濟價值最高?要考慮變現模式。不同的平台、不同的大V、不同的內容、不同的TA,如果都只是種小麥和賣小麥,那產生的經濟價值就比較有限,但把麥子做成了威士忌,經濟價值就猛飛。

所以你種的是什麼?該種什麼?

小麥是增量,要種起來;篝火是存量,要燒起來。

韭菜是低淨值人群,人蔘是高淨值人群,兩個都要種,生長速度不一樣,經濟價值也不同。

小白才有量、大紅才有值,小黑才破圈。

小麥種植面積要廣,篝火要燒得旺。

公域負責廣度,私域負責深度。

燒柴、種麥,收割韭菜和人蔘,品牌才能經營得又深又廣。

CHAPTER 10

落地的戰略模型：
X3 畫布

將峰值體驗落地時，我們要利用這張 X3 畫布。

《峰1》初代的 X 畫布有 19 格，這張進化到第三代版本的 X3 畫布有 26 格。X 畫布會把之前所講到的底層邏輯變成模型，能高效的對策略做檢驗。

這一章我們會一格一格來說明「X3 畫布」的操作步驟，但在此之前要先提醒大家，一定要做完洞察，訪談完四種人，確定品牌輪（一個 TA，三個訊息，八個 MOT），金榜，黑榜都完成之後，才用到 X 畫布。

如果你沒有這樣做，等一下每一格都會卡關，就是無效功，標準的 290。

第三版 X 畫布

第 1 格 MOT，請描述那個關鍵時刻，要具體細節到有如手機截圖。在這一格只有金榜裡 TOP 1 的 MOT 才能被放上 X 畫布。不同 MOT 的 X 畫布要分開寫，也就是說假設金榜上進店、轉化、複購、推薦都找出了冠軍第一名 MOT，X 畫布就會有四張。

第 2 格，這個時刻多久？一秒就寫一秒，五分鐘就寫五分鐘。不過一般來說關鍵時刻不會長，打開首頁看也就是三秒的時間。如果時間太長就要再細切，那就會是另一個 MOT。

第 3 格，這個關鍵時刻是針對哪個 TA ？增量或者存量寫清楚。

第 4 格寫產品，要具體到哪一個產品，是四大產品的哪一個？吸睛、流量、利潤、經典。不要概括性寫個 App，或者很模糊的寫一個新產品。

第 5 格品牌訊息，把完成品牌輪時寫下的三個訊息，拿一個對應的放在這一格。舉例來說如果第 1 格寫的是進店的 MOT，那就從品牌輪三訊息中選出進店的訊息放在這裡，並且解釋清楚為什麼這個訊息可以用來進店，跟這

X3 畫布

1. 細節描述：MOT 就是那個截屏	10. 哪個黃金時刻？最初、最高、最終	11. 運用心理效應：錨定／前景／框架／助推
2. 這個時刻多久？	9. 吹哪種風？五種風	12. 四大維度：側重進店／轉化／複購／推薦
3. TA 是誰？增量、存量	8. 消費者的角色：十大障礙在哪裡	13. 運用系統一或二？消費者是什麼黨？
4. 美在哪裡？拿什麼產品交付？	7. 錨在哪裡？十五錨	14. 消費者動機：七大底層情緒
5. 品牌訊息針對哪個維度？	6. 疊加哪個印記？十大印記	15. 擬人標籤：28 個品牌個性標籤

20. 哪個落地點？ 12 個落地點	21. MOTX 頂層設計 說清楚體驗設計為何？（布景、道具、動作、服裝、走位、表情、台詞）與第 3-20 格的關係	26. 企業成本為何？ 激勵機制為何？
19. 佔據了消費者哪些感官？		25. 消費者最後做了什麼動作？
18. 消費者裝什麼？ 十裝		24. 企業第一負責人是誰？最終誰在執行？
17. 消費者什麼時候覺得值了？十值		23. 這個 MOT 的指標為何？
16. 高熵訊息 vs. 高信息增益		22. 消費者最後說了什麼？

個 MOT 如何匹配。

第 6 格，印記。十大印記你用哪一個？如果你製作一個 15 秒短影音，裡面要不要出現印記？設計包裝要不要印記？過去大家就是都沒有檢查，什麼印記都沒有給消費者留下。

第 7 格，錨在哪裡。十五錨你用哪幾個？寫下來。製程、工藝、技術、產地，原材料，每一樣都可以當做很好的錨定。很多企業本來就有錨的，只是都不講，很可惜。

第 8 格，消費者的障礙在哪。消費者的十大障礙，小白看得懂嗎？還是看懂了但沒有人推薦？還是不信任你這牌子？要把這些障礙整理清楚。

第 9 格，吹風。這裡企業要決定吹哪種風。要不要朋友的跟風？要不要平台的台風？人造風？風吹印記拉增量，風一定要吹起來。

第 10 格，三個黃金時刻的哪一個，最初最高最終，這個 MOT 關鍵時刻落在哪裡。這很清楚。

第 11 格，運用哪一個心理效應，錨定效應，前景效應、框架跟助推，這些在《峰 1》都有提到，是先避損後趨利？還是馬斯洛的需求理論？變簡單、排除所有障礙，以上這些認知偏誤用得越多，魯拉帕路薩效應才會出現。

第 12 格，四大維度企業目前的重點是哪個維度，順便往前面檢查一下，確保策略選擇都保持了一致性。

第 13 格，消費者是什麼黨，是專家、參數成分黨、還是顏值黨，他運用的是系統一，還是系統二，甚至系統 1+2？想一想，在這一格寫下來。以保健食品為例，一定會看參數成分，也有追求性價比的。而且真的很重要的就是專家和大 V，要有名人也在吃，才會把風帶起來。你的消費者裡面專家和大 V 足夠多嗎？所以你看這一格裡面仔細去想，你會需要滿足多種消費者的。

第 14 格，消費者的動機和七大底層情緒。馬斯洛理論滿足了什麼情緒需求？有沒有避損？有沒有新的東西？有沒有把自己變得更美好？這也是重要的。吃保健食品難道就沒有裝起來嗎？就像現在很多人在吃 NMN，這成分台灣根本不能賣的，還要找人從國外代購，這也是一樣的心態，代表我很懂，我領先潮流。

第 15 格，是 28 個品牌個性，代表你的品牌的辨識度，在前面馬斯洛的那章有講到。

第 16 格，高熵訊息／高信息增益，你在第 5 格填的是高熵訊息，還是高信息增益？熵在哪？增益又在哪？

第 17 格，消費者什麼時候覺得值了，超重要，在這

個 MOT，你是滿足消費者十值的哪一個值了？

第 18 格，消費者裝什麼，消費者十裝，到底消費者裝了什麼？保養品的例子，消費者是裝懂？還是裝高級？

第 19 格 佔據了消費者哪些感官，五感的哪一個？視覺、聽覺、還是嗅覺（香味）？或是觸覺（材質）？

第 20 格 哪個落地點，前面一章才剛剛講完，12 個落地點，四大維度每一維度有三個。進店的三句話，「就是這樣、那是怎樣、怎會這樣」。看你的 MOT 是用到哪一個？請一路把答案填寫進 X 畫布，你正在把這些底層邏輯用到 MOTX 體驗設計裡面。

要特別花時間說明一下的是第 21 格。第 21 格就是要把這個 MOTX 的分鏡畫出來，而這個分鏡圖要能夠滿足第 6 格到第 20 格的定性描述。

舉例來說，過去大家拍短影音，都沒有這 6 到 20 格，就發包給外面的製作公司去拍片。非常有可能影片拍得美美的，卻沒有底層邏輯，消費者看了影片卻沒有植入心智，也不會產生行為。所以這第 21 格就是你的劇本，在這裡把分鏡畫清楚，講明白。你就是一個導演去主導影片，你不用自己拍，外包給誰都行，不然就是 290。

X 畫布解讀

首先,我們來看畫布上面,345 格其實就是你的定位。TA 是誰?美在哪裏?拿什麼產品交付?跟你要傳遞什麼訊息?345 是幫助我們設計重要的戰略人數。

第 6 格開始到第 20 格,則是底層邏輯。第 1、2、21 三格,是 MOT + MOTX。

第 22 格到第 26 格,講的就是量測效果,OKR 或 KPI,也就是怎麼量測做這件事有沒有用。

所以這個 X 畫布基本上就是在幫助企業的戰略落地,它不是一個流程設計而已,而是能用來檢驗戰略是否正確,是否滿足底層邏輯,是否有效率,這是非常重要的。

X 畫布這個戰略圖,它運用了非常多的底層邏輯跟算法,但各位不用糾結,直接用起來就好。

如果要來總結 X 畫布的話,第 1 格就是最重要的事。第 1 格是個手機截圖,是時間很短的 MOT。我常在帶工作坊時看到企業在 X 畫布第 1 格放一整段故事,寫了篇小作文,那就不是 MOT 關鍵時刻。

X3 畫布

1. 細節描述：MOT 就是那個截屏	10. 哪個黃金時刻？最初、最高、最終	11. 運用心理效應：錨定／前景／框架／助推
2. 這個時刻多久？	9. 吹哪種風？五種風	12. 四大維度：側重進店／轉化／複購／推薦
3. TA是誰？增量、存量	8. 消費者的角色：十大障礙在哪裡	13. 運用系統一或二？消費者是什麼黨？
4. 美在哪裡？拿什麼產品交付？	7. 錨在哪裡？十五錨	14. 消費者動機：七大底層情緒
5. 品牌訊息針對哪個維度？	6. 疊加哪個印記？十大印記	15. 擬人標籤：28個品牌個性標籤

20. 哪個落地點？12 個落地點	21. MOTX 頂層設計 說清楚體驗設計為何？（布景、道具、動作、服裝、走位、表情、台詞）與第 3-20 格的關係	26. 企業成本為何？激勵機制為何？
19. 佔據了消費者哪些感官？		25. 消費者最後做了什麼動作？
18. 消費者裝什麼？十裝		24. 企業第一負責人是誰？最終誰在執行？
17. 消費者什麼時候覺得值了？十值		23. 這個 MOT 的指標為何？
16. 高熵訊息 vs. 高信息增益		22. 消費者最後說了什麼？

第 10 章 落地的戰略模型：X3 畫布

別忘了，這個第 1 格一定要是做完消費者洞察，關鍵時刻排行榜出現在金榜的第一名，才有必要讓它孵化。不要公司內腦力激盪後隨便抓一個來做，沒有用洞察支持，也沒有做出品牌輪，保證 290。

　　這個 X 畫布做完以後，老闆要聽，平級單位要聽，RD 要聽，PM、業務、行銷、SBU 幾乎所有相關人都需要聽一次。所以我才說 X 畫布不能亂做，亂做的結果就是大家各自理解，各自發揮，就是不會「連續做對」。

　　接下來，我會用真觀顧問和客戶合作產出的洞察 i 畫布以及 X 畫布做示範，以最真實的操作，帶大家走一遍從如何從洞察到落地。

CHAPTER 11

企業實戰：
洞察 i 畫布 + 落地 X3 畫布

　　知名服飾品牌 SO NICE 在台創立已將近 30 年，可以說是台灣本土很早期的快時尚知名品牌。第一代老闆靠擺地攤累積了第一桶金，打拼 15 年後成立 SO NICE，全盛時期有 120 家門市。SO NICE 曾經因為快時尚外商品牌圍攻面臨很嚴峻的挑戰，於 2012 年企業二代接班後經歷長達七年的虛實整合奮戰，於 2018 年迎來轉型成功。

　　目前全台有 57 家門市，旗下擁有 SO NICE、nice ioi 兩個女裝自有品牌，年營業額約新台幣 12 億元，主力商品為都會女性設計服飾，提供貼近全球流行趨勢且符合亞洲女性身型的都會女裝，以反映時尚潮流、呈現都會女性多樣風格為主要策略，深受消費者青睞。

SO NICE 都會時尚女裝：洞察 i 畫布

真觀顧問和 SO NICE 在 2023 年進行深度合作，我們如何將訪談消費者得來的研究資料，以洞察 i 畫布呈現？

洞察 i 畫布的 No.1 第 1 格要填寫的，就是第一性。SO NICE 作為一個以 30 歲到 40 歲女性為目標族群的都會女裝品牌，在這裡寫下的「第一性」是：

・衣服就是用來修飾身材
・要告訴別人我是誰，往身上貼標籤
・但更重要的是，同一個人、不同場景，想要貼的標籤不一樣

在這裡，SO NICE 把 30 歲到 40 歲年齡群女性穿衣服的第一性，很明確抓出來：「顯瘦、看起來更年輕」。我們在消費者訪談時不斷驗證這一點，不管衣服設計多麼時尚、多麼流行，只要違反第一性，立刻就是沒人買。

在這裡再幫大家複習一次「人、貨、場」邏輯，人在這裡就是形象標籤，貨就是衣服，場指的是不同的穿衣場景。第一性要呈現的就是最基本不能動搖的原則。

第 2 格到第 5 格這四個格子，分別是「小白」、「小黑」,「紅轉黑」、「小紅」的詞。不同的消費者，品牌要溝通的詞是不一樣的。

以 SO NICE 這個案例來看，對它的小紅和大紅而言，那個詞是「性價比，剪裁和質感」，這是經過很多輪的訪談求證，SO NICE 的死忠粉（愛你的人）都認為以這個價錢買到的質感非常超乎期待，版型、剪裁也很符合她們所想要表達的氣質和身形。某些場合要有氣勢，某些場合要有自信，或者輕鬆休閒，這些標籤需求有被滿足。

在小白和小黑這邊給它們的詞是「同步全球時尚」。在這裡很有意思是，我們要練習看懂不同消費者對於訊息的接收是不同的，對 SO NICE 的小紅和大紅來說，只要上了新品，覺得漂亮就會一買再買，她們並不會太在意這屬於哪種流行，或哪裡吹來的時尚。

但相反的，對於小白、小黑而言，是不是最新趨勢，哪裡來的款式就非常重要，衣服必須要跟著潮流走，消費者是在搜尋「老錢風」、「靜奢風」、「法式小香風」這些潮流時找到品牌的，所以時尚風格這類訊息要清楚且優先。

第 6 格「吹什麼風」，這裡就呼應 SO NICE 選擇的

推薦率

洞察 i 畫布

21. 推薦的 MOT
會員買了 SO NICE 只會自己默默地穿，針對 VIP 沒有特別活動，沒有社群，穿 SO NICE 沒有被看見，也無法分享

19. 有哪些大 V？
胡小禎、速玲、Gary Tu

20. 擬人標籤：28 個品牌個性標籤
自信、專業可靠、實用務實

18. 消費者裝什麼？十裝
裝高級、裝自信、裝時尚

5. 小紅的詞
性價比
剪裁質感

1. 第一性
・衣服就是用來修飾身材

17. 複購的 MOT
因為平價所以之前買了很多件，但我不知道有什麼值得說的，例如同步什麼流行？先進材質？所以不知道怎麼和朋友分享

16. 消費者動機：七大底層情緒
把自己變美好
被看見裝起來

4. 紅轉黑的詞

15. 買一次不買的低谷在哪裡？
買了一件後，找不到其它想要的

14. 消費者什麼時候覺得值了？十值
多元百搭、高頻場景

複購率

進店率

6. 吹哪種風？六種風
平台的風
競爭品牌吹的妖風

7. 疊加哪個印記？十大印記
顏色、Logo、門店、爆品

9. 進店的 MOT
看到 SO NICE 櫥窗覺得沒有系列感，或者沒有吸睛的主題，感覺比較成熟

2. 小白的詞
同步全球時尚

8. 高熵訊息 vs. 高信息增益
高熵信息
高信息增益

- 要告訴別人我是誰，往身上貼標籤
- 同一個人、不同場景想要貼的標籤不一樣

3. 小黑的詞
同步全球時尚

10. 消費者的角色：十大障礙在哪裡？
不適合、不好看、不高級、看不懂

13. 轉化的 MOT
進店逛時業務介紹只說舒適、料子好，沒有說明 SO NICE 的美（例如流行元素或是如何穿搭），少了情緒衝動刺激

12. 首單體驗如何？
官網購買享 15 天鑑賞期免費退換貨
收到物品性價比超越預期

11. 美在哪裡？拿什麼產品交付？
適合上班/下班多種場景
同步全球時尚
華人版型專屬剪裁

轉化率

第 11 章 企業實戰：洞察 i 畫布 + 落地 X3 畫布

詞「同步全球時尚」裡的「同步」二字，能不能跟上小紅書或抖音這些平台吹的台風？能不能跟上 ZARA 這些平價快時尚國際大品牌的風？甚至更高一層的奢侈品在吹什麼世界級的流行風尚呢？從免教育，借力使力的觀點來看，在地品牌如果能做到跟上全球趨勢就已經非常厲害了。

第 7 格講的是「印記」，SO NICE 用什麼印記呢？顏色、門市裝潢、Logo⋯⋯這裡寫了「爆品」，是因為現在很多消費者（尤其是小白）原來並不認識品牌，爆款商品的意義在於它既有流量，又能轉化，消費者透過爆款商品認識品牌，進而產生認知，因此爆款商品也屬於是印記的一種。

第 8 格「高熵訊息」或「高信息增益」，衣服並非高科技產品，而且每個人的衣服從小買到大，已是非常熟悉的高頻場景，再加上以 SO NICE 而言，它的性價比、材質和剪裁，都屬於高信息增益，對消費者來說並不稀奇。要如何在信息增益的情況下，給消費者足夠的刺激，吸引他的注意呢？所以要增加高熵訊息，讓消費者「始於迷惑」。

第 10 格要寫消費者的「十大障礙」在哪裡。消費者可能因為「年紀」對標而會評估不適合或不好看，或者小白、小黑覺得看不懂，覺得不高級，都有可能。這裡一定

要真誠的面對消費者洞察時發現的轉化障礙，留意「倖存者偏差」；你認為做得好的東西，恰好是新客人進來的障礙。我們真正要的是增量和存量都要增長，因此轉化的障礙在這裡要寫清楚。

第 11 格，「美在哪裡」，「用什麼產品去交付」。SO NICE 選定的是都會女性上班這個高頻場景，同時呼應第 5 格性價比這個詞，一件衣服如果只能上班穿，CP 值就不夠高，因此上、下班都能穿的衣服就會是一種交付。另外，華人版型專屬剪裁是 SO NICE 想要放大的美，以用來和其他國際品牌的全球化尺寸做區隔，也就是擷取國際流行的元素，但是提供適合台灣人的打版，這會是一個主要交付。

第 12 格，「首單體驗」。SO NICE 將官網 7 天鑑賞期增加為 15 天，並且網路上購買的也能拿去門市退；下單後收到物品和網頁一致，所見即所得，甚至性價比超越期待很多，這是 SO NICE 規劃的首單體驗。

接下來講到第 14 格，消費者什麼時候會覺得「值了」，十個值了的時刻是哪一個。小紅、大紅在消費者訪談時很多人反饋，SO NICE 衣服天天都可以穿，上班能穿，下午茶能穿，有些正式宴會場合也能穿，這一點她們覺得很值。

高頻場景都能應用，多元又百搭，這就是值了的時刻。

第 15 格要寫的是「低谷」在哪裡，為什麼消費者買一次就不買的原因，弄清楚之後在這裡寫下來。

SO NICE 深挖自己官網那些「首單即終單」的資訊，發現很多消費者買了並沒有退貨，也就是說這筆訂單是滿意的，但後來為什麼不再買了呢？結果發現這些消費者其實後來持續都有進官網逛，可是找不到她要的就走掉了。這一點其實很多品牌不管線上、線下都有可能發生，就是好不容易引流進來了，結果他看不到要的，就走了。這的確是個低谷。

第 16 格，「底層動機」。馬斯洛的七種情緒動機，滿足的是哪一層呢？SO NICE 是時尚品牌，希望消費者穿上衣服之後感覺自己變漂亮。我們訪談小紅和大紅之後知道消費者有另外一種底層動機，就是消費者當她穿得好看時，會期待別人問她「你這衣服哪裡買的啊？」。這種品味被認可，「很會穿」的形象被別人羨慕時，會讓她樂於推薦。讓消費者能「裝起來」也是一種要滿足的動機需求。

第 18 格，「裝起來」，消費者在十裝裡屬於哪種呢？呼應第 16 格，SO NICE 可以寫下裝高級、裝自信、裝時尚。

第 19 格，有哪些「大 V」。以年輕潮流的服裝品牌

而言，常常會找明星代言，SO NICE 是定位 30 歲到 40 歲女性為目標族群，這個族群的注意力未必會鎖定在名人或明星身上，更可能會專注於某種生活型態。所以大 V 未來也會朝這個方向去找。

第 20 格，「品牌個性」。SO NICE 鎖定的目標 30 到 40 歲女性，她們有自己的工作和事業，可能有家庭，有自己的人生和品味，品牌會希望能幫助消費者呈現一種自信專業的美。因此自信、專業、務實，是 SO NICE 可以考慮的品牌個性的詞。

第 9、13、17、21 格，這四格就是「進店」、「轉化」、「複購」、「推薦」的關鍵時刻 MOT，圖上也寫了示範。

洞察 i 畫布的運用，是當企業在對消費者進行訪談時，一個紀錄用的工具表單。i 畫布不是答案，是我們蒐集到的資訊的整理。

打造爆款美白冰紗衣：落地 X3 畫布

接下來，我們來看 SO NICE 的 X 畫布，也就是如何利用 X 畫布做出爆款商品。

首先第 1 格，要細節描述 MOT，也就是那個手機截

一個完整 MOT 的三大組成要素

1 是誰　　　**2** 在什麼狀況下　　　**3** 感受到什麼

| 都會女性上班族 30 歲到 40 歲 | 路過 SO NICE 門市櫥窗 看到涼感機能衣服 | 夏季炎熱,正好對涼感機能衣服有興趣,覺得風格比以前年輕時尚 |

這個 MOT 是屬於　☑ 峰值　　對應的品牌訊息　☑ 進店
　　　　　　　　□ 低谷　　　　　　　　　　　□ 轉化
　　　　　　　　　　　　　　　　　　　　　　□ 值了變推薦

圖。再講一遍,這個 MOT 必須是金榜第一名。SO NICE 這裡選擇的截圖是針對增量,也就是小白或小黑。

　　撰寫 MOT 時要符合 MOT 定義:「是誰,在什麼情況下,感受到什麼」。所以這個 MOT 可以寫成是:「一個 30 到 40 歲的都會女性上班族,路過 SO NICE 門市櫥窗,看到涼感機能衣服。因為夏季炎熱對涼感機能服有興趣,覺得風格比以前年輕時尚。」

　　這個 MOT 時間長嗎?路過而已,非常短,應該幾秒鐘而已(第 2 格);是對增量還是存量?增量(第 3 格)。但這個 MOT 選擇得非常好,不但對不認識 SO NICE 的小白有用,對存量也是有用的,老客戶看到有針對夏季涼感設計的新品上架,同樣的也會進店。

第 4 格，美在哪裡，用什麼產品交付。這裡 SO NICE 推出的產品，是 2024 今年夏天爆款商品「美白冰紗衣」，這款商品材質能降溫清涼，有效防曬之外，主要設計多變，各種流行色的內搭、西裝外套、飄逸寬褲、甚至風衣款，在涼感之上增加時髦又豐富多元的造型應用。

第 5 格，品牌訊息是針對哪個維度。這裡主要訊息是針對進店，但相信同時可以帶動轉化。

第 6 格是印記，第一個用上的印記就是產品命名本身，「美白冰紗衣」作為印記，不斷去疊加。第二個印記是顏色，產品主訴求是涼感與防曬，視覺設計使用的是代表清涼感受的藍色，以及科技感的銀色。

第 7 格是錨在哪裡。這款美白冰紗衣用了兩個錨：

X3 畫布

1. 細節描述 MOT：就是那個截屏 路上看到 SO NICE 櫥窗，發現年輕好看，又是涼感衣，覺得很好奇門市裡衣服會怎樣，上班好像也可以穿？就進店了	10. 哪個黃金時刻？最初、最高、最終 最初	11. 運用心理效應：錨定／前景／框架／助推 錨定（材質） 前景（美白防曬避損） 促發（冰紗衣）
2. 這個時刻多久？ 3 秒鐘	9. 吹哪種風？五種風 平台的台風 競品的妖風	12. 四大維度：側重進店／轉化／複購／推薦 進店＋轉化
3. TA 是誰？增量、存量 增量	8. 消費者的角色：十大障礙在哪裡？ 不適合、看不懂	13. 運用系統一或二？消費者是什麼黨？ 顏值感官黨 跟風黨，性價比黨
4. 美在哪裡？拿什麼產品交付？ 美白冰紗衣 涼感，時尚，多場景 高性價比	7. 錨在哪裡？十五錨 SGS 認證 上下班等高頻場景	14. 消費者動機：七大底層情緒 把自己變美好 被看見裝起來
5. 品牌訊息針對哪個維度？ 進店 同時帶動轉化	6. 疊加哪個印記？十大印記 爆品名稱 顏色	15. 擬人標籤：28 個品牌個性標籤 自信、專業、務實

20. 哪個落地點？12 個落地點

那是怎樣
（美白冰紗衣）

19. 佔據了消費者哪些感官？

視覺、觸覺

18. 消費者裝什麼？十裝

裝自信 裝時尚

17. 消費者什麼時候覺得值了？十值

所見即所得

16. 高熵訊息 vs. 高信息增益

高熵訊息
高信息增益

21. MOTX 頂層設計

說清楚體驗設計為何？（布景、道具、動作、服裝、走位、表情、台詞）與第 3-20 格的關係

點進官網，看到「美白冰紗衣」，沒看過這個名字，很新奇。點進去一看，原來是涼感防曬衣，很適合上班內搭，下班也能穿。很適合夏天通勤穿，可以解決夏天曬黑悶熱的場景。還有分不同等級「重磅、Plus、Pro」，重磅挺感又顯瘦、Plus 透氣涼爽、Pro 專業防曬，想要下單買來試一下！

26. 企業成本為何？激勵機制為何？

研發、製作、行銷成本
業務績效獎勵

25. 消費者最後做了什麼動作？

進店，試穿

24. 企業第一負責人是誰？最終誰在執行？

第一負責人 李總經理
各部門一級主管

23. 這個 MOT 的指標為何

進店率，轉化率
銷量提升

22. 消費者最後說了什麼？

原來 SO NICE 這種新材質和新設計，很適合年輕上班族，能防曬又涼快，還很好看

第 11 章 企業實戰：洞察 i 畫布 + 落地 X3 畫布　257

1. **材質的錨**：經 SGS 檢測通過報告，在瞬涼有感以及防曬兩方面取得認證。SGS 本身就是一個大錨。
2. **場景的錨**：上班穿用、都會通勤、輕量戶外、彈力顯瘦等等，都會女性會高頻出現的場景。

第 8 格，消費者的障礙。過去三年 SO NICE 一直都有在做涼感衣，只是之前並未強調過 SGS 認證，也因為「涼感」這個訊息沒有被當成是主打，存量客人到店裡面看看有沒有上新東西時，店員介紹了才會知道說，「喔，這東西穿了會涼。」東西是好東西，老客戶買得很高興，但溝通效率其實不高。

過去，涼感衣服對於 SO NICE 的新客人來說，最大的障礙就是看不懂、無感，她們沒有好奇心。增量並不認識 SO NICE，在這種情況下，要怎麼讓她們秒懂呢？一個滑手機或者路過櫥窗，甚至只是被網路廣告打到的客人，要怎麼吸引她們感興趣進來看？所以 2024 年開始，SO NICE 用了「第四代涼感科技」、「瞬涼值」等高熵訊息做訴求，以降低新客的訊息接收障礙。

第 9 格，吹哪種風。這種涼感與防曬的材質面料並不是新產品，幾年下來在各平台已經把風吹得相當大了，各種成衣品牌（競品）一進夏天也都瘋狂主打，可以說是夏

重磅	Plus	Pro
[瞬涼值] **Q-MAX 0.17** 超越國家標準30%	[瞬涼值] **Q-MAX 0.21** 超越國家標準60%	[瞬涼值] **Q-MAX 0.24** 超越國家標準90% **UPF50⁺** A級高效防曬

季服裝市場的大趨勢。所以在消費者已經被主流市場教育得很成熟的前提下，SO NICE 趁勢強化美白冰紗衣，這就是我說的「跟品類風，吹品牌風」。借力使力，以自己獨特印記，跟著大勢狂風一起吹向消費者。

第 10 格哪個黃金時刻，從客人路過櫥窗這一點來看，很明白，是最初這個時刻，對於增量去做進店。

那麼第 11 格，又運用了什麼心理效應呢？

・**錨定效應**：材質，這裡用上了 SGS 認證作為錨。
・**前景效應**：先避損後趨利，避損在這裡就是美白，千萬不想曬黑；還有我們不會想要夏天熱到汗流浹背全身黏黏的，這也是避損。
・**促發效應**：美白冰紗衣產品命名，用上了高熵訊息

去吸引人進店。

- **助推效應**：就是認知放鬆。這裡用上藍色、銀色，代表清涼及科技感，消費者五感上就容易接受。

第 12 格，四大維度是側重哪一個維度，打造爆品目的是希望要有高流量，流量進來之後要高轉化率，所以是進店＋轉化兩個維度。大家要記得，爆品的本質是效率，一個 MOT 可以滿足兩個維度，就是極有效率的 MOT。

第 13 格，運用系統一或二，消費者是什麼黨。對 SO NICE 美白冰紗衣這個爆品來說，系統一和二，顏值感官黨、性價比黨、跟風黨、大 V、參數成分黨，幾乎統統都涵蓋了。以涼感來說，如果研究機能性面料就離不開 SGS 認證，這就進入系統二的討論了；例如 Q-MAX 涼感係數這種指標，是很科學理性的系統二數字。這些數據和背書就是高信息增益，去讓消費者確信功能用的訊息。

第 14 格消費者的七大情緒動機，可以如上表呈現，分別滿足五感刺激快樂、先避損解焦慮、被看見裝起來、把自己變美好這四種不同層級的動機情緒需求。滿足愈多層級的情感需求，價值愈高，消費者愈會覺得值了。

第 15 格，品牌個性，可以回到 i 畫布的第 20 格，自信、

消費者的七大情緒動機

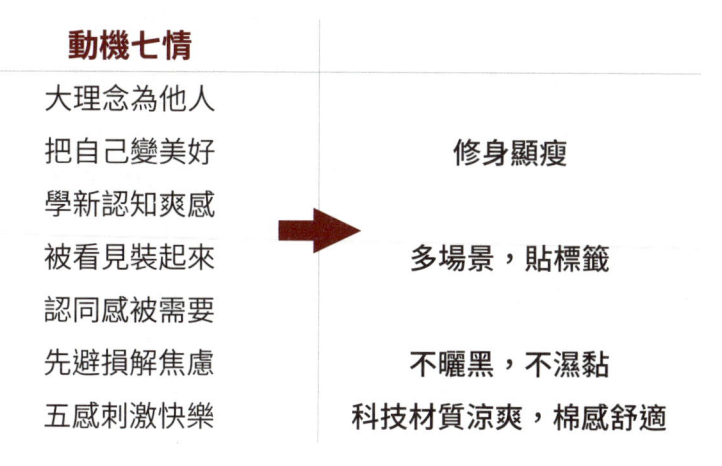

動機七情	
大理念為他人	
把自己變美好	修身顯瘦
學新認知爽感	
被看見裝起來	多場景，貼標籤
認同感被需要	
先避損解焦慮	不曬黑，不濕黏
五感刺激快樂	科技材質涼爽，棉感舒適

專業、務實，檢查一下是否一致，拿過來用。

第 16 格要寫高熵訊息和高信息增益，針對這款爆品，高熵訊息就是「美白冰紗衣」的產品命名，以及「第四代涼感科技」這個命題。至於高信息增益，就是「SGS 認證、Q-MAX 涼感係數、UPF 防曬係數」，同時這款商品「性價比」很高，這也屬於高信息增益。

第 17 格，消費者什麼時後覺得值了。SO NICE 在這一格填寫的是「所見即所得」。意思就是，消費者在櫥窗或在網站上看到說是涼感衣服，拿到衣服一上手觸摸，果然既絲滑又降溫，試穿上身時不但覺得涼爽，而且版型顯瘦。穩定交付並且符合期待，就會覺得值。

第 18 格，消費者十裝，這裡答案很明白，裝年輕、裝時尚。衣服一定要能夠讓消費者穿起來感覺年輕又好看，這是第一性。

第 19 格佔據消費者哪些感官，這裡答案填寫的是視覺和觸覺。

第 20 格要填寫的是落地點，在進店這個維度有三個落地點，「就是這樣，那是怎樣，怎會這樣」。就是這樣，SO NICE 美白冰紗衣用上了系統一加系統二；那是怎樣，就是大家都在穿。怎會這樣，美白冰紗衣為什麼會降那麼多溫度？為什麼能防曬？因為用了第四代涼感科技等等。同時一起運用以上落地點，就能呈現非常高的熵值。

第 21 格，就是 MOTX 峰值體驗，要在這一格把體驗設計分鏡圖在這裡說明完整，包括布景、道具、動作、服裝、走位、表情、台詞，以及與第 3 到 20 格的關係。

第 22 格，消費者最後說了什麼。我們希望買了衣服的消費者，穿了之後能開心的說：「原來 SO NICE 這種新材質和新設計，很適合年輕上班族，可以防曬又涼快，穿起來還修身好看。」

第 23 格就是做完這個 MOT 之後衡量績效的指標。「進店率」和「轉化率」，以及「銷售數字」，是 SO NICE 放

美白冰紗衣
重磅顯瘦系列

#精選法式風格
SO NICE

SGS 通過檢測 | -5°C | 挺顯瘦 | 彈輕塑

第 21 格 MOTX 撰寫示範

點進 SO NICE 官網，看到「美白冰紗衣」，看到 -°C 的符號，覺得很好奇。原來是涼感防曬衣，設計好像上班下班都能穿，夏天通勤也沒問題，可以解決夏天曬黑悶熱的場景；

還有分「重磅、Plus、Pro」不同等級，重磅挺感又顯瘦、Plus 透氣涼爽、Pro 專業防曬，價錢也不貴。
想要下單買來試一下！

第 11 章 企業實戰：洞察 i 畫布 + 落地 X3 畫布

在這裡的 KPI。

第 24 格第一負責人，在 SO NICE 的話放的是總經理，執行者則會有很多人，從商品部門、門市、陳列、官網、平面設計、包裝設計、商品拍攝等各部門一級主管，都需要共同參與。

第 25 格，消費者最後做了什麼動作，SO NICE 希望這個 MOTX 之下，消費者能產生的行為就是二個：「試穿」或是「購買」。

第 26 格企業成本與激勵機制，企業成本包括研發成本、製作成本、以及行銷成本。至於激勵機制則和教育訓練及業務銷售業績綁定，會有一定的獎勵。

cama café 現烘咖啡專門店：洞察 i 畫布

cama 咖啡成立於 2006 年，從一家平價外帶咖啡的街邊小店起家，發展成為全台知名連鎖品牌，cama 以挑豆、烘豆上的講究，搭配店內的烘豆工廠設備，做出一杯杯新鮮又有質感的咖啡，深受咖啡消費者喜愛。

目前 cama 咖啡全台門市有 161 家，年營業額約新台幣 5.5 億元，會員人數 70 萬人。主力商品是以現烘立飲的

咖啡文化，推動外帶、外送為主的連鎖咖啡館。

真觀顧問探究 cama 的第一性，跟它的定位有關，原本 cama 設定的就是小型店，能快速貼近消費者，並走進他們的生活，因此提供平價、高頻率能消費的咖啡，讓他們每天都能飲用，是 cama 的初衷。

這張洞察 i 畫布，是訪談 cama 的小紅、小黑、紅轉黑以及小紅的紀錄整理。我們挖出了 cama 的關鍵詞，是「啟動生活的開始」，針對四種人各自的意義，請看 i 畫布的第 2 到第 5 格。

我這邊特別提一下第 7 格印記，當我們訪談消費者時問他們 cama 咖啡有哪些印記讓他們印象深刻，首先一定都會提到黃色，然後就是白色娃娃。

這個 IP（Intellectual Property，智慧財產權，常常指一個卡通或人物圖案）的名字叫做 Beano，雖然可能消費者叫不出名字，但白色娃娃的印記實則非常強烈。

另一個印記就是 cama 一致性的使用原木裝潢，原木質感呼應了第一性，代表的是自然、人文，讓人感覺優雅沉靜，會讓消費者自動與質樸或原生態產生聯想，那種紓壓與放鬆的生理反應，是天然木頭能帶來的療癒力量。

cama 門店的設計希望能讓消費者沉浸於沉穩、寧靜

[推薦率]

洞察 i 畫布

21. 推薦的 MOT
cama 會員要訂咖啡給來參與會議的客戶喝時,想到星巴克最高級,而且口味大家都能接受,不像 cama 味道可能太濃,決定點星巴克

19. 有哪些大 V?
公司主管
公司內會議或下午茶訂購咖啡者
喝美式、精品的咖啡愛好者

18. 消費者裝什麼?十裝
裝懂(懂咖啡、懂生活
裝時尚(這是新的咖啡
裝高級、裝圈層(職場成功人士

20. 擬人標籤:28 個品牌個性標籤
經典精緻、感官愉悅
專業可靠、幽默高知
聰明懂你

5. 小紅的詞
懂咖啡、懂生活、懂品味

1. 第一性
- CP 值高
- 快、方便、提神

17. 複購的 MOT
上班族早上去 cama 點咖啡等了五分鐘,覺得這樣太久,下次再點 cama,公車可能會跑掉,決定下次不點了

16. 消費者動機:七大底層情緒
先避損解焦慮(快、便宜、提神、方便)
被看見裝起來(高級、專業)
學新認知爽感(工藝、原料、杯子)
把自己變美好(進入狀態、對自己好)

15. 買一次不買的低谷在哪裡?
沒交付(上班時候買咖啡等太久了)

4. 紅轉黑的詞
出杯慢、貴
店太少不方便買

14. 消費者什麼時候覺得值了?十值
交付(提神進入工作狀態、香濃好喝、客製化符合口味)
即時(快速不用等)
高頻(會員制度有優惠到)

[複購率]

266　峰值體驗 2

進店率

6. 吹哪種風？六種風
跟風、台風（cama 同事參與社群討論少）
人造風（7-11 透過 App 推寄杯優惠廣告）

7. 疊加哪個印記？十大印記
外觀（杯子是可以利用的）
顏色（cama 黃印記明顯）
IP（beano 廣為人知）
產品口味（濃郁、香）

9. 進店的 MOT
上班族早上出門想買咖啡時，想到公司樓下就是 7-11，比不順路的 cama 方便，就決定買 7-11

2. 小白的詞
高熵

8. 高熵訊息 vs. 高信息增益
缺高信息增益（品質、出杯與結帳速度不一）
缺高熵（名字、豆子、餐食、杯子都不特別）

- 濃、香
- 高級、專業
- 可連帶早餐

3. 小黑的詞
高效、高 CP 值

10. 消費者的角色：十大障礙在哪裡？
不適合（店少、出杯慢、結帳慢）
不高級、沒預算（咖啡與早餐太貴）
沒看懂（不知道好在哪、高級在哪、新在哪）

13. 轉化的 MOT
上班族早上經過 cama 門市，看到店的外觀跟海報，不覺得特別，決定買便宜的 7-11 就好

11. 美在哪裡？拿什麼產品交付？
實在、好品質、價格適中
具獨立咖啡館專業、小眾感的連鎖店
咖啡香、濃、提神、奶泡綿密、比例好
Beano 廣為人知
用流量、吸睛產品交付

12. 首單體驗如何？
cama 咖啡比較貴，但買完、喝完後沒有覺得更高級，不知道貴在哪裡

轉化率

第 11 章　企業實戰：洞察 i 畫布 + 落地 X3 畫布　267

和專業的職人風格中,即使快速經過門口甚至無須抬頭看到招牌,五感都能知道這就是 cama。這個印記的疊加十分有效率,從消費者訪談中持續得到印證。

　　cama 的咖啡口感本身也是一個強印記,消費者在訪談中不斷表達 cama 的咖啡風味十分濃郁強烈,喝起來是具有衝擊力度的咖啡。這是因為 cama 咖啡的設計經過測量儀評定,本身就是符合「金杯理論」（Golden Cup Brewing Standard）,這是咖啡萃取最重要的理論。

　　金杯理論也是一個統計結果,在分析受到最多人歡迎的咖啡,其萃取比例大多為濃度 1.15% 至 1.35% 之間,萃取率 18 至 22% 之間,符合這個金杯理論值的咖啡,在風味、酸質、甜度等各方面都達到很棒的平衡。這些公式細節可能對於專業職人來說才有解讀意義,可惜的是消費者只知道 cama 咖啡喝起來比別人濃郁,但是對於這背後的價值訊息沒有收到。在整個咖啡飲品的消費者訪談中,我們發現 cama 兩個比較重要的挑戰：

　　1. 缺高增益訊息：品質、出杯與結帳速度不一
　　2. 缺高熵訊息：名字、豆子、餐食、杯子都不夠特別

　　關於「速度」這個咖啡重要的交付,在 cama 的洞察

i 畫布上幾乎每一格都有被提到。其實 cama 咖啡出杯的速度已經很快了，但為什麼消費者還是有這種認知呢？因為便利商店咖啡的速度印記更加深入人心，很多人認為超商的咖啡能更快拿到。所以針對這些挑戰，cama 咖啡如何利用 X 畫布來進行體驗升級，打造爆品呢？

高熵＋高信息增益組合拳：落地 X3 畫布

首先我們來看 X 畫布的第 1 格，細節描述 MOT。這個 MOT 寫的是：「一位上班族早上匆匆經過 cama 門市，看到店的外觀跟海報覺得很特別，決定買杯新品試一下。」這也同時帶到第 2 格，這個關鍵時刻非常短，可能不到 5 秒鐘，消費者就會決定要或這不要進店。

我們希望能大量吸引第一次嘗試 cama 咖啡的消費者上門進行嘗試（第 3 格）。第 4 格，拿什麼產品交付。這次 cama 要升級的產品非常明確，是「上班的那一杯」咖啡，這杯咖啡每天都會要喝，是非常高頻的大賽道。因此第 5 格的品牌訊息針對哪一個維度，主要會是在進店。另外，上班族經過店門口看到，覺得好就買，也會帶到轉化。

第 6 格，要疊加哪些印記呢？X 畫布這裡填寫的答案

升級前　　　　　　　　升級後

是「專業、快速、裝起來」。所以大家要能夠體會，一個爆品的產品設計，印記已經不再只是 Logo、顏色、外觀和造型這些而已，更重要是能滿足消費者需求的底層邏輯。

所以要怎麼讓消費者感覺專業呢？cama 在杯子上採用了更直觀的訊息傳達，「冠軍莊園豆」、「熟成養豆三天以上」、「黃金萃取率 18%」，將珍貴原材料待之以慎重處理，去突顯專業等級咖啡的卓越自信風味。更重要的是「第四代超醇萃工藝 UipEt4」這個訊息，以這個第四代去呈現工藝的突破與迭代進步。以上這都是用「高熵訊息」和「高信息增益」一套組合拳，俐落施展出來的手法。

第 7 格，這款爆品用上了哪些錨呢？工藝、材質、排行榜（豆子產地、萃取法、獲獎）、場景（適合上班喝）、情緒（能快速進入工作狀態、喝咖啡對自己好一點），非常多的錨定。這些呼應到第 8 格移除障礙，消費者之前沒

有理解到 cama 的美,直接在接觸點上解決掉,一次移除所有障礙,是這款爆品設計優先考慮要解決的事。讓我們快轉進到 X 畫布第 21 格,要怎麼寫下 MOTX 峰值體驗呢?

分鏡一:早上買咖啡時看到 cama 海報上的「高級感黑金杯」,上面有全新 Logo 和「冠軍莊園豆」、「熟成養豆三天以上」、「黃金萃取率 18%」等訊息,發現 cama 杯子不一樣了。

分鏡二:看到海報標題是「cama 冠軍莊園咖啡」大字,下方有「採用第四代超醇萃工藝 UipEt4」,「快速出杯工藝,三分鐘出杯」,感覺好像很快就能拿到一杯新鮮現煮咖啡。

分鏡三:使用「掃碼點餐 QR Code」點了一杯新品,省去排隊和結帳時間,還可自動累積會員點數,不到三分鐘,數位面板就叫號取餐,出杯非常快速!

所以 cama 希望帶給消費者什麼感受,消費者之後會說什麼(第 22 格)?就是「cama 好像跟以前不一樣了。」讓我們一起期待一個升級版的 cama 爆品,讓大家徜徉在咖啡濃郁的幸福中。

X3 畫布

1. 細節描述 MOT：就是那個截屏
上班族早上經過 cama 門市，看到店的外觀跟海報，覺得很特別，決定買杯新品試一下

2. 這個時刻多久？
5 秒

3. TA 是誰？增量、存量
都有，以增量為主

4. 美在哪裡？拿什麼產品交付？
上班那一杯咖啡
專業、快速，裝起來

5. 品牌訊息針對哪個維度？
進店 + 轉化

6. 疊加哪個印記？十大印記
專業、快速、裝起來
杯子外觀、IP、黃色、Logo

7. 錨在哪裡？十五錨
材質、工藝、排行榜（產地、萃取法、獲獎）
場景（適合上班喝）
情緒（能快速進入工作狀態、喝對自己好）

8. 消費者的角色：十大障礙在哪裡？
不高級、專業（杯子上沒有資訊）
不適合（出杯太慢）
沒看懂（不知道 cama 專業）

9. 吹哪種風？五種風
跟風 / 台風（辦公室 / IG 及 FB）
人造風（咖啡豆獲獎）

10. 哪個黃金時刻？最初、最高、最終
最初

11. 運用心理效應：錨定 / 前景 / 框架 / 助推
錨定（豆子獲獎或產地、萃取工藝）
促發（看到新杯子覺得是新產品）

12. 四大維度：側重進店 / 轉化 / 複購 / 推薦
進店、推薦、轉化

13. 運用系統一或二？消費者是什麼黨？
系統一
顏值感官黨
跟風黨

14. 消費者動機：七大底層情緒
把自己變美好（外觀好看、喝了狀態好）
學新認知爽感（高熵新奇）
被看見裝起來（懂咖啡、懂生活、職場成功人士）

15. 擬人標籤：28 個品牌個性標籤
經典精緻 感官愉悅
專業可靠 幽默高知
聰明懂你

20. 哪個落地點？12 個落地點

進店 那是怎樣
轉化 看這個
推薦 我是誰

19. 佔據了消費者哪些感官？

視覺

18. 消費者裝什麼？十裝

裝懂（懂生活）
裝高級、裝成就（職場成功人士）
裝時尚（有新款杯子可以買）

17. 消費者什麼時候覺得值了？十值

交付（滿足對自己好、裝的情緒）

16. 高熵訊息 vs. 高信息增益

高熵（名字、杯子、萃取工藝、豆子產地與獲獎）
高增益訊息（品質固定、出杯與結帳穩定的快）

21. MOTX 頂層設計

說清楚體驗設計為何？（布景、道具、動作、服裝、走位、表情、台詞）與第 3-20 格的關係

分鏡一
早上要買咖啡時，看到 cama 海報上推的有一款「黑底燙金的杯子」，上面有燙金的 cama Beano 字樣，發現跟 cama 杯子不一樣了，好像有新產品

分鏡二
看到海報標題是「cama 冠軍莊園拿鐵」大字，下方有「採用第四代閃萃工藝」「多 30% 咖啡香氣、15% 濃郁感」「快速出杯工藝，3 分鐘出杯」

分鏡三
買完看見杯子有 Beano 插畫搭配金句，如 Beano 穿西裝做簡報圖配「精力滿滿，萬事不難」或是 Beano 提公事包跟一杯 cama 趕路的圖配「速度快跟對自己好，我都要」

26. 企業成本為何？激勵機制為何？

包材成本
行銷獎勵
設計成本

25. 消費者最後做了什麼動作？

購買黑金杯款咖啡
拍照上傳

24. 企業第一負責人是誰？最終誰在執行？

Penny、龍豪
門市人員

23. 這個 MOT 的指標為何？

黑金杯款咖啡銷售量
增量消費者數量

22. 消費者最後說了什麼？

cama 跟之前不一樣了
很專業、高級
之後上班可以常買

第 11 章 企業實戰：洞察 i 畫布 + 落地 X3 畫布

PART 4
兩大專章

・企業專章：B2B 品牌的關鍵時刻
・線上專章：關鍵時刻在線上
・MOTX 峰值引擎

CHAPTER 12

企業專章：
B2B 品牌的關鍵時刻

這一章我們要來好好講講，關鍵時刻 MOT 怎麼運用在 B2B。

前面有說到，現代的消費者跟古代有什麼不同。

首先是小白沒那麼白，任何一個小白只要看五分鐘的小紅書，馬上變專業，他就不會是一張白紙。然後紅黑轉來轉去，現代消費者的轉換成本非常低，手機點一點馬上換品牌，沒有任何損失。大紅、大黑嚴重影響這世界，例如馬斯克講一句話，全球數億人馬上收到這則訊息。

這就是今天 2C 的商業世界。

B2B 的第一性：
高效、省錢、出結果、能複製

如果我們把視角移動到企業對企業（B2B）領域，必須要明白的是：

1. 企業客戶不能用小白來定義

他的確是第一次找你，也可能是第一次買這個產品或服務。但在找你之前他一定已經先做了功課，甚至都已經和你的競爭對手談過、也比較過。也就是說在 B2B 的世界裡，新客戶只是你們之間還不曾有過交易經驗，但他在行業裡就是小黑，甚至專業程度不會低於你。

2. 企業相對不容易紅黑轉來轉去

企業因為轉換成本（switching cost）是高的，一旦採用供應商，不會希望一直轉來轉去。對企業來說不只是錢的問題，投入的時間、金錢、學習曲線、人力成本等都需要考慮，使得企業轉換品牌或供應商變得不易，但這並不代表他就不會換。

3. B2B 的大紅、大黑是產業領航者

2C 是大紅、大黑在影響這世界，在 B2B 就是頭部企業、領導品牌、百大企業這些產業領航者，絕對重大影響

其他企業。這個完全一樣,甚至比 2C 影響力量更大。

4. 絕不要讓「首單即終單」在 B2B 發生

人們常講「這業界很小」,真正會買你產品或服務的企業客戶可能就這幾家,而且很可能都還彼此認識。做得好或做不好,消息在業界傳得很快,一定都能打聽得到。所以做 B2B 每一單都不可以掉,客戶一定要顧好。

但最、最、最重要是,我們還是要瞭解,企業對企業的第一性思維是什麼。

我們一樣要從「人、貨、場」的角度來解讀企業對企業的第一性思維。右圖的這七點非常重要。

首先,是企業為什麼要做這件事?第二、企業到底想要解決的問題是什麼?這就是從「貨」角度,任務、品類去看。但第三點是企業用戶和一般消費者最不同的地方,就是企業用戶負有考核任務,也就是供應商在賣進去企業端時,要弄清楚他是怎麼考核你,怎麼算是達成任務?這可跟做一般消費者生意不同。簡單講,企業已經把考題都告訴你了。

以我自己舉例,很多企業找講師去做內部教育訓練,那麼老闆或者人資部門是怎麼考核這個教育訓練是成功的

貨 任務品類	企業為什麼要做這件事
	企業最想解決什麼問題
	企業怎麼考核算達成這任務
	你的交付是什麼
	其他品類可以取代嗎
	品類是如何進化
	能不能變簡單且高效且省錢

呢？總不會是獲得滿堂彩這一類的「口碑」，一定是課後問卷發下去，詢問學員老師講的哪部分可以實際運用到工作上，效率提升了多少，解決工作上哪些難題等等。這就是**從企業客戶的考核觀點去審視你的交付**。

這裡就帶到一點，企業的決策者跟使用者，非常有可能根本就不是同一個人，甚至不同部門。老闆出錢做教育訓練，但上課的是員工，負責找老師的又是人資。老闆覺得老師很優秀是一回事，但教育訓練怎麼才算是做得好，通常就是受課的學員在給分。所以「使用者的考核」是品類任務的底層。

「貨」思維接下來的幾點，**你的交付是什麼**？有**其他**

品類可以取代嗎？其他品類是怎麼進化的？以前教育訓練可能是靠老師一個人講，現在很多企業已經採用遠距離線上授課的方式，未來可能是用 AI，效率是愈來愈提高的了。這個第一性思維最後一點，對企業來說更重要，就是：**企業的交付能不能變簡單，高效，並且省錢。**

但你以為企業買的就這些「貨」嗎？下面這幾題你不妨思考一下：你認為企業買的是你的機器嗎？其實並不是，企業買的是如何更快速做出一杯咖啡給消費者。你認為企業買的是你的設計圖？其實並不是，企業買的是消費者對他的強印記。企業買的是消費者因為這個包裝或者設計願意支付的溢價。

你認為企業買單是因為你做的 PPT，其實企業買的是消費者的 MOT。你認為企業買的是你的軟體，其實企業買的是內部要能高效溝通。你認為企業買的是你的解決方案，其實企業買的是在財報上費用明顯降低。

所以我們在企業第一性的洞察與落地，第一個學習，就是「**企業要的是交付，不是服務**」。企業要的是解決他的問題，要能出結果，也就是這四件事：「**高效、省錢、出結果、能複製**」。這才是關鍵。

第一性思維：人貨場

人 動機七情	貨 任務品類	場 高頻場景
大理念為他人（為了社會）	企業為什麼要做這件事	策略規劃
把自己變美好（為了公司）	企業想解決什麼問題	財報預算
學新認知爽感（為了客戶）	企業怎麼考核算達成任務	品牌營銷（四大維度）
被看見裝起來（我最先買）	你的交付是什麼	選才育才留才
認同感被需要（我買對了）	其他品類可以取代嗎	產品開發反覆運算
先避損解焦慮（好險我買）	品類是如何進化	採購供應鏈管理
五感刺激快樂（員工開心）	能不能變簡單且高效又省錢	管理組織流程協作

B2B 第一性思維的第二個關鍵學習，就是**企業買你是為了他的客戶**。

管理學之父彼得杜拉克（Peter Drucker）在 1954 年就已經定調「企業的目的在於創造客戶」（The purpose of business is to create customers.），沒有顧客就沒有企業，也可以說企業的本質是由客戶決定的。

所以我們針對 B2B 做洞察時，不能只洞察這家企業本身，**更需要洞察的是這家企業他在服務怎樣的客戶**，理解到企業它們的客戶到底需求為何，才能做到這家企業的生意，因為所有的企業都是為了滿足他的客戶而存在的。

第 12 章　企業專章：B2B 品牌的關鍵時刻　281

接下來繼續說明，B2B 第一性思維洞察中的「人」思維，馬斯洛的需求理論如何運用在企業對企業。

首先企業很多的採購決策是想讓員工開心的，有正面能量的。員工心情舒適，開心了，效率才高，提升員工滿意度對企業來說一直都是需要直面的事情。

第二層避損解焦慮，這也是企業重點，我常常聽到老闆到處講：

「好險我有上這個課。」

「好險我有做了什麼事，幫公司省了好多錢。」

「還好我最先導入這套系統。」

「誰誰誰也在買，我也買了，我買的沒有錯。」

這些表達除了避損外，也在追求認同，你看，我買對了吧！我最先買，我眼光多準。

然後就是上三層，企業為什麼會常常請外部講師來，要求員工都要上課呢，因為想讓員工素質提升，能更好的服務客戶。這些教育訓練、送員工去上 EMBA、專業能力的提升等等，都已經是屬於上三層的動機了。

然後最上層，企業有沒有大理念為了他人？當然有，就是 ESG 企業永續發展，都不用解釋。

至於「人、貨、場」的「場」思維，表格中列的都是

企業裡的高頻場景，包括策略規劃、財報，企業在進店、轉化、複購、推薦四大維度的營銷經營，選才、育才、留才，產品開發迭代、採購供應鏈管理、管理組織流程協作，這些都是企業每天都會遇到的高頻場景。如果 B2B 企業提供的產品或服務跟以上場景愈有關，賽道就愈大。

B2B 的十個值了

但企業什麼時刻會覺得值了，一樣要從第一性的「人、貨、場」思維展開，我們把什麼時刻讓消費者覺得值了的「十值」，重新一條一條拿出來用企業視角認真檢查，你可能會以為，這十值是我一開始就為企業用戶寫的，因為同樣的適用。

第一、「七情」，滿足愈多層，愈能讓企業感覺值了。

第二、「即時」馬上享受，現在哪家企業不是整天喊快快快，快點交付，快點幫我淨利提升，快點幫我砍掉成本，馬上快點讓我全體員工都學到。

第三、所見即所得，企業更加重視信用與承諾，你答應我是這樣，那你的交付就必須要這樣，所見即所得這一點在企業端更加沒有敷衍或容錯空間。答應的事情沒做

第一性思維：人貨場

人 動機七情　　**貨** 任務品類　　**場** 高頻場景

七情	愈多才愈值	逆轉	低谷變峰值	高頻	穩定才有感
即時	馬上就享受	打破	打破超預期	低頻	剛需就加值
符合	所見即所得	交付	問題被解決	雙頻	多場景超值
		先知	先幫我想好		

到，所得和所見有落差，這還不是紅轉黑下次不交易的問題，在企業端有時還牽涉違約或背信，是很嚴重的。

第四、低谷變峰值，也就是洞察出企業的問題所在，幫他變成峰值，老闆立刻就覺得值了。

第五、打破超預期，你的交付比老闆想像的還要多更多，立刻覺得值了。這個遠超預期，就是在對方專業知識層級以上再提供加值，再更一步講，就是打破企業內部的盲區與誤區。

第六、七，問題被解決，先幫我想好。在企業對企業，所謂的專業，就是作為乙方，你經歷過那麼多的專案項目，

應該早就該知道甲方會遇到哪些問題,幫企業避坑,少走彎路。答案早就準備好了,找你就對了。這些預判背後代表的都是深厚的理解與根柢,這種領先經驗就會讓人感覺專業、安心。

第八、九、十、「人、貨、場」的「場」思維,怎麼樣才會讓企業用戶覺得值了?就是要符合以下三點:

・高頻:穩定才有感
・低頻:剛需就加值
・雙頻:多場景超值

例如高頻場景,現在有很多商用軟體跟課程都在教人如何在職場進行有效溝通,這就是因為有效開會與達成溝通是企業非常高頻的事件,每天每時都在發生。你提供的服務或產品,如果是針對這種極度高頻率、普遍性的商用場景,賽道就是大的。

企業在高頻場景提供服務,就要確保能夠持續性的穩定交付。提供網通服務就一次都不能斷線;視訊或語音會議系統,畫質就必須高品質無滯後(lag),音質清晰流暢;協作平台就要遠距登錄無障礙,權限管理方便,超大檔案雲端存取快速容易等等。這些高頻場景因為企業用得

實在太過密集,必須一定要很穩定的交付才會有感。話說回來,交付只要不穩定企業也格外敏感,一斷掉馬上跳起來發瘋,就是一體兩面。

那對企業端什麼是低頻的剛需呢?例如企業的員工績效考核,可能一年才需要做一次,這個需求的頻率是低的,但重不重要?相當重要。不管你是叫做 KPI,還是 OKR、MBO、OGSM,這些管理指標都需要企業去制定;另外包括績效獎金,怎麼計算提成,加薪和保險等等,這些發生頻率可能都是月度或是季度,頻率都不算高,但都複雜到需要一套好用的解決方案。以上這些舉例都是企業的低頻剛需,企業還是需要方法去解決這些需求。

至於雙頻,講的是企業裡面的多場景。以軟體或者 App 來說,現在很多加值服務,既可以視訊會議,還能同步多端點的安排會議行程、訂會議室;視訊會議結束之後立刻出會議記錄逐字稿,工作完成百分比與進度表還能視覺呈現,進行提醒,甚至進行考核。這種多功能的整合能滿足企業各種場景需求,就會讓企業用戶覺得超值。

B2B 的底層邏輯：
三複四效與品牌三大變量

商業的底層邏輯都是一樣的，我們總結為「三複四效」。三複指的是：複利、複合、複製。

第一個複是「**複利**」，複利效應是非線性增長的關鍵，當企業選對 BTA 裂變延伸，建立印記疊加變成消費者心智成品牌資產時，複利效應就會出現。「複利」用在 B2B，就是品牌戰略三大變量的「**選對人**」。

「選對人」這個變量，以真觀顧問為例，我們的生意是很典型的 B2B，提供企業端的顧問諮詢服務。真觀顧問一開始服務客戶，並沒有選擇中小企業作為 BTA，而是選擇大型企業、知名品牌等等，例如大陸豫園集團的老廟黃金、無尺碼內衣品牌 Ubra、喜馬拉雅 App，這都是難度很高的體驗設計專案。這麼難，為什麼要去做？因為那些大型專案項目具有指標性意義。

選擇 BTA 的策略意涵，需要能幫企業延伸到 MTA 主戰場。當我做完老廟黃金，其他賣黃金、賣鑽石、賣翡翠的都來找我；做完 ubras，賣男裝、女裝、童裝的品牌也都來了。選對 BTA 才會幫你裂變跟延伸。

BTA 九宮格

年輕	大都市	職位
時尚	有錢	知識分子
KOL	知名企業	尖端科技

選對 BTA 在企業對企業是更加重要，如果一開始企業的客戶就都是世界百大、產業龍頭、領頭企業、或者非常有錢的公司，產生的延伸效率是非常快速的。大家還記得前面 B2C 章節講的「選對人」，我建議了九個可以優先考慮的標準嗎？企業對企業選客戶時同樣可以參考。

企業對企業，客戶群體總數不可能多，搞不好全公司所有客戶加起來不超過三十個，最重要的那十個大客戶業績佔比通常超過 80%，你做對一個客戶幫你延伸進來十個客戶就已經不得了。B2B 常常是客戶幫忙帶客戶進來，我實在無法強調選對 BTA 有多重要，選對了才有機會倍增。

第二個複是「**複合**」，也就是查理芒格提到的魯拉帕路薩效應，結合其他技術與合作夥伴的能力，整合後提供給企業端作為整體解決方案。「複合」用在 B2B 就是品牌戰略三大變量的「**做對事**」。

再用我自己舉例，我們公司很多時候峰值體驗的交

付，要結合市調公司、設計師、建築師、AI 公司，一起去為客戶服務，每一個環節都會影響我們的交付。企業一定要記得你賣的是「交付」，這在 B2B 超重要。因為很有可能你最大的優勢，就是可以整合各種服務一次提供給你的企業主，讓企業省心、又省錢，還出結果，當然找你。

做對事，另一個要緊的事，就是要搞明白老闆在想什麼，使用者要什麼。專案項目一旦進行到交付這個階段，引路者和評估者都已經離開了，現在的關鍵就是使用者，300 – 10 = 290，簡單才高級，方案過於複雜在企業內部註定不能落地。東西不能用、不好用，使用者覺得不值，他只要和老闆提一嘴「這都沒用」，你就完了。所以要顧好使用者，一有低谷出現要立刻解決。

第三個複講的就是「**複製**」。簡單講，就是做完這個專案，企業能不能複製到其他專案，如果不能複製，那企業就很難做大。不能複製，你就很難穩定交付。企業最該複製的就是算法、人才、和體驗。

企業對企業第三個變量，是「**說對話**」。要考慮的就是高熵訊息和高信息增益。一方面要有高熵（你的研發、技術、新產品）才會吸引進店，一方面要出結果，才有高信息增益。

這個用高熵訊息進店的故事，在我身上更加明顯，我在《峰1》就講過我放棄了「定位」兩個字的故事，詳情請看《峰1》第 12 章。

所以說訊息的熵值重不重要？當然重要。我之所以會在 B2B 十個關鍵時刻的第一個（後面馬上會提到）就建議大家規劃一場有高熵標題，且具有高信息增益內容的演講，去把風吹起來，都是基於這個底層邏輯。

至於高信息增益在哪裡，企業一定要用真實案例去說明，用你這套方法學幫助了哪些企業進行了怎樣大幅度的增長，不但存量增長了，增量也增長，就是一個確實可行的雙增長模型，這才是企業一買再買的關鍵。

高熵進店，因為有熵值，企業才會被你吸引。但在 B2B 端最後的交付還是要奔著四件事前進：

高效、省錢、出結果、能複製

這四件事就是高信息增益，有信息增益才能進行轉化，是真正的關鍵。

關鍵時刻 ～ 關鍵思維

B2B 三複：複利、複合、複製

四效：分發效率、算法效率、迭代效率、人才效率

接下來我們談，企業的四個重要效率。

傳統商業有三個非常重要的效率，就是「製造效率」、「供應鏈效率」、以及「管理效率」，掌握這三個效率，成長通常不是問題。現代商業競爭，企業還需要具備另外四個效率：

分發效率、算法效率、迭代效率、人才效率

如此才能創造出非線性成長。而你能不能幫助企業客戶在這四件事上，變得更高效，那就是你的重要交付。

第一個，分發效率。講的是企業多快可以把產品交付到消費者手上。線上的分發效率高還是線下？大家通常會回答線上交付快，但其實線下店愈開愈多的時候，也能擁有極高的分發效率，還能有效阻止競爭對手進入。

通路競爭是規模經濟與資本比拚，當消費降級現象愈來愈明顯時，企業的分發效率愈形嚴峻，消費者只願意花 100 元時，誰能更快觸達消費者呢？

第二，算法效率。簡單說就是雙向貼標、精準

榨乾。要對消費者貼標，同時對產品貼標。運算思維（Computational Thinking）的概念是拆解問題，識別規律，歸納，然後設計演算法，這是一系列的思維活動。大數據與人工智慧技術的持續進步，使得企業在對應媒合消費者需求時更快速、更貼切，企業一定要更好地去運用算法效率進行服務。

第三個叫迭代效率。企業需要不斷的迭代更新，主動追求迭代是競爭的本質。提供幾個數字來感受一下這些頂尖企業的迭代效率：

- 淘寶：每月更新一次版本
- 網飛 Netflix：每兩週更新一次網站首頁版本
- 微信：每半個月更新一次
- 拼多多、抖音：每週發布一次新版本
- 特斯拉 Tesla：一年進行約 20 次重大版本更新

第四，人才效率。企業永遠都在追尋人才的效率。企業愈能快速複製人才、複製體驗，才有辦法源源不絕供給以上三種效率底層。

企業若沒有三複和四效，就沒有掌握商業底層核心，換句話講，一開始的洞察就要跟著「三複和四效」前進。

不然，你以為賣的是貨、是機器，後面交付也會出問題。

B2B 的五個洞察主體

在 2C 領域做洞察，三個洞察主體分別是自己、消費者、以及競爭對手。到 2B 端，要再增加兩個洞察主體。

第一個增加的洞察主體就是「客戶的客戶」，企業他服務的客戶要的是什麼？這是一定要去弄清楚、去洞察的，才會立於不敗之地。

再來就是經銷商和代理商，這是企業不可或缺的合作夥伴，包括全球代理、總經銷，以及各種不同層級的通路、加值商（VAR）、集成商（System Integrator）等等，需要詳細的洞察。因為企業的商業價值是透過生態鏈所傳遞，洞察商業裡生態圈是關鍵。針對通路的洞察，有兩個關鍵，跟商業生態圈有重大關係：

一是通路他要的是什麼，你能給什麼？
二是你要的是什麼，他又能做什麼？

企業和通路之間是分工合作的夥伴關係，誰事情做得多，錢就多拿一點。經銷商拿了錢不做事，或者是經銷商

B2B 五個洞察主體

自己	找到美在哪裡、低谷在哪裡、放大你的美
客戶	四大維度問題在哪、詞的深化聯想
競爭對手	打破認知、盲區與誤區
經銷商代理商	他要的是什麼，你能給什麼 你要的是什麼，他能做什麼
客戶的客戶	要的是什麼

做了很多事卻沒賺到錢，合作關係都不會長久。

底層邏輯就是前面 2C 章節講過的篝火，在 2B 的商業生態圈裡，經銷商跟代理商就是夜晚一同圍著營火的獵人們。企業主是獵人，通路同樣也是獵人，所以別的獵人為什麼要來你的營地呢？當然是因為你有食物可以分他。

篝火旁形成的熟食、營地、語言、交流、認知、八卦、交易、娛樂、抵禦、分工等等行為，在 2B 商業環境裡就是，你打來的獵物會分給他嗎？你能提供更好的打獵工具嗎？你知道更多的獵物在哪，能幫助他更快拿到食物嗎？話說回來，你又需要這位獵人幫忙你做什麼？他很會捕魚？還是弓箭很準？亦或是他是個料理小天才，燒烤弄得特別

香？總之就是你和他的能力上是否可以互補，事情上能不能分工配合，兩個獵人才有辦法一起成功前進。

企業和通路的合作基礎，就是彼此要能夠「交換」，這也是經濟學的底層，這條路才會走得長久。講到通路，這三件事必須記於心中：

1. 怎麼分工？
2. 怎麼分錢？
3. 未來在哪裡？

但如果只有分工跟分錢，非常有可能這個合作是短期的。不要以為通路都只是唯利是圖，不講究長期主義。如果通路沒有感覺到，原廠是一家可以一起成長或決心長期投資品牌的公司，反而感受到的是一家沒有訂單就撤，甚至市場做起來就準備收回代理的品牌，通路又不傻，誰會幫你抬轎呢？

B2B 在四大維度的五種角色

消費者在四大維度裡分別是「路過者、探詢者、使用者、推薦者」，這四種角色是同一個人，只是在「進店、

轉化、複購、推薦」不同維度時角色產生了變化。

企業在四大維度裡則會有五種不同角色，就是：

引路者、評估者、決策者、使用者、傳播者

這五個角色可能都是不同人，甚至不同部門、不同公司或不同集團都有可能。

第一個角色就是「引路者」，對於企業來講，引路者有可能就是你的經銷商，如何進入到甲方，有中間商介紹，速度才快。如果沒有這個引路者，你接觸不到這些企業用戶，或者你接觸到不是企業真正的決策者。但引路者專業知識未必有你高明，此時你該用到的是他的人脈和關係，如果引路者很行，那麼你將更輕鬆。

進店及轉化都跟引路者有重大關係。這就是前面說你該洞察的是，「引路者要的是什麼，你能給什麼；而你要的是什麼，引路者又能做什麼」的意涵。

第二個角色是「評估者」，這在企業裡多的不得了。從採購、財務、法務、人事，到實際使用單位裡面的主管都是，甚至有的大標案還要提案到董事會，這一卡車評估者都有可能影響採購決定。評估者要做的事情就是試用和評估，你要做的事情就是準備好展示與試用，並且回答各評估者的提問。

消費者在四大維度的不同角色

	傳播者	引路者	
推薦率 推薦倡導 共存共榮 內核是 被看見			吸引觸達 介紹展示　**進店率** 內核是 風吹印記
	決策者 提案簡報 談判簽約		
複購率 內核是 覺得值了 交付採用 問題維護	使用者	評估者	內核是 降低選擇障礙 回答提問 試用評估　**轉化率**

　　這些評估者有如企業裡面的攔路虎，一關一關的，所以你必須要洞察，不然你知道評估者想聽到什麼答案嗎？你知道這些評估者因為不同位階，承擔怎樣的經濟成本與心理壓力嗎？他為什麼要拿自己在職場上的信用幫你背書呢？如果不洞察評估者，沒有解決他們底層的焦慮，他絕不會引薦給決策者的。

　　第三個角色是「**決策者**」，你要做的是什麼？就是提案簡報，以及談判簽約。但常見的問題是，你知不知道企業裡面的關鍵決策者是誰？有時還不一定就是老闆。而老

闆是怎麼看待這件事情的交付？他內心裡真正想要解決的事，跟評估者與使用者應該不一樣，這才是你要挖出來的。所以，你當然必須洞察決策者在想什麼。

第四個角色是「**使用者**」，你要做的就是交付採用，並且提供售後服務。但使用者過去的低谷在哪裡？你要洞察出來。別以為搞定決策者就好，如果沒有滅掉使用者的低谷，使用者不滿意，付錢的老闆就不會一買再買，首單即終單。

請記得 B2B 業界很小，一個使用者不滿意、做壞掉的專案，很快地同行都會人盡皆知，不論好的還是壞的口碑一定都打聽的到。這低谷的坑必須馬上填起來，弭平它。

第五個角色叫「**傳播者**」，關鍵是推薦倡導，共存共榮。如果你讓客戶覺得值了，而這個傳播者還企業裡面的 CEO，恭喜你，複利就會產生，很快的名聲就會一傳千里。這些企業主大老闆可能還會對你品牌的支持與倡議，對外宣稱用了你家產品多好、多好，這就是真正的共存共榮。

所以最後問一句，企業對企業，你該對誰友好？

答案是你必須對這五種角色都要友好。因為他們都在某個關鍵時刻，扮演了決策的角色，。你該做的就是針對五種角色，運用底層邏輯，洞察出每個階段的關鍵時刻，

再進行體驗設計，這時企業版的洞察 i 畫布就派上用場了。

B2B 的洞察 i 畫布

首先第 1 到第 5 格，就是企業五種角色對你公司的看法，也就是對你公司的詞。如果都沒看法，那就是你的風根本就還沒吹起來。

第 6 格，吹哪種風。一開始的風，最好能直接吹到老闆，這樣速度更快，因為決策者是關鍵。就好像如果老闆先來上過我的課，覺得這課程太好了，回去馬上交代 HR，然後第二天就來約企業內訓。但如果換個情況先來上課的是行銷主管，也覺得非常好，回去建議老闆來上課，老闆非常有可能會說「這是你們上過的課太少了，這個課是適合你們上的，不是我上的。」所以企業對企業的風，當然是要先吹到決策者，效率才高。

第 7 格，企業的印記是什麼？一樣要用十大印記來洞察，舉例：你一想到 IBM，就會想到藍色 Logo。

第 8 格，高熵就是要迭代。意思是產品必須推陳出新，新東西、新科技、新趨勢才有熵值。高信息增益就是交付，也就是「高效、省錢、出結果」，這都是「高信息增益」

[推薦率]

洞察 i 畫布

21. 推薦的 MOT	19. 有哪些大V？ 老闆的宣傳	20. 擬人標籤：28個品牌個性標籤 信任是一切
	18. 消費者裝什麼？十裝 他要被看見，被業界看見	**5. 傳播者**
		1. 決策者
17. 複購的 MOT	16. 消費者動機：七大底層情緒 馬斯洛的第七層就是ESG	**4. 使用者**
	15. 買一次不買的低谷在哪裡？ 低谷要馬上滅	14. 消費者什麼時候覺得值了？十值 值就是要有交付

[複購率]

進店率

6. 吹哪種風？六種風 **風要先吹到老闆**	7. 疊加哪個印記？十大印記 **印記就是你的辨識度**	9. 進店的 MOT
2. 引路者	8. 高熵訊息 vs. 高信息增益 **高熵就是要迭代 高信息增益就是效率**	

3. 評估者	10. 消費者的角色：十大障礙在哪裡？ **避損是第一視角**	13. 轉化的 MOT
12. 首單體驗如何？ **首單就是第一次接觸 企業的「最初」**	11. 美在哪裡？拿什麼產品交付？ **放大你的美有多重要**	

轉化率

第 12 章　企業專章：B2B 品牌的關鍵時刻　301

加上「複製」。

第 10 格,避損是企業超級第一視角。企業非常在意避損,因為每導入一個東西進入企業系統都是要建置成本和學習成本,企業肯定很擔心用了以後浪費時間,浪費資源,如果花了資源和時間下去沒出結果,負責這個專案的人直接完蛋。所以避損絕對是企業的第一視角,如果無法說服企業風險是可控的,它寧願維持不動。所以洞察得要找出企業一定要避開的損失是什麼,不能觸碰的底線在哪裡,才能針對性提出恰當規劃。

第 11 格,企業的美在哪裡,這個超級重要,你的美必須奔著第一性思維的交付前進,前面講過,不再重複。

第 12 格,我想花一點時間講這個首單體驗。一般來說企業用戶端找供應商,不會只找一家來比較,在你之前他可能已經聽過很多提案簡報了。如果第一次見面光談話就覺得供應商不靠譜,連試用都還沒開始就覺得不行,後面就什麼都不會發生。首單體驗就是品牌跟企業用戶最初接觸的關鍵時刻,講得更清楚,也就是你初次跟客戶做正式簡報的那個時刻,才是企業用戶對你品牌的首單體驗。因為我們都知道,第一次做簡報不行,就是首單即終單。

第 14 格,交付,就是我們前面講的十個值得的關鍵

時刻，沒有交付，比賽結束。低谷要滅掉，而且要馬上滅掉；對企業而言效率是一切，不能等，要立刻滅。但同時我們也聽過無數的故事，你把低谷變峰值，在企業端將會幫助你獲得更長遠的生意。

第16格動機與情緒，馬斯洛動機七情，最下面一層，是讓員工開心，最上一層就是ESG。

第18格裝起來，企業在裝什麼，要被誰看見？企業要被業界看見，被目標市場的企業主看見，不太需要被普通人看見。被業界看見什麼？看見你的案例、你的市佔率、你的獲獎、你的創新。簡單講，就是你的錨被業界看見，企業辨識度才是更有用的。

第19格大V，企業主或CEO的宣傳就是你的大V。愈大的企業倍增就愈強，這就是你的複利，所以一定要抓住這種強強聯手的機會。

最後第20格是品牌個性，在B2B端沒有別的好說的，一句話講完就是「信任才是一切」。千萬不要以為企業都是系統二，只講數字、規格或理性決策，實際上企業為什麼會一買再買的最底層，就是因為信任而已。

B2B 的十個關鍵時刻 MOT

B2B 第一個 MOT 關鍵時刻在「進店」維度，企業應該規劃一場具高熵標題，**但內容又是具有高信息增益的演講、課程、或文章**。這個 MOTX 的目標是要把風吹起來。

要做 B2B 生意也是需要吹風，企業需要在展覽會、論壇、年會、企業社團這些大平台裡，把風吹起來。這些商業平台是產業聚合體，受眾相對精準明確，但同樣的也因為同行聚集，訊息擁擠，你更需要利用一個熵值很高的命題去引發興趣。

例如現在的大熱話題 AI，「AI 如何在企業內落地雙向貼標，讓複購率提升」這類題目就會引發強烈興趣，大家聽到就會覺得哇，現在最重要就是必須要知道這些事情，馬上進店聆聽。另外包括最新、最前沿的材料、科技、管理趨勢，OGSM、ESG 企業永續這些，都屬於高熵標題。

而高信息增益就是確定性的答案，你曾經幫過多少家企業，在多短的時間內增加多少業績，企業主一聽秒懂，會期待能夠馬上應用到企業裡面去，就會約你來聊一聊，達到進店的目的。

所以準備好一場具有高熵標題、但內容又有高信息

增益的演講，可能是五分鐘的影音，或者半小時的影音演講，又或者是一篇好讀的文章，讓你的目標企業客戶一見就進，這是 B2B 第一個關鍵時刻。

B2B 第二個關鍵時刻，就是**公司簡介**，這是絕對是非常重要的 MOT，也是被嚴重低估的 MOT。你有好好訓練你的業務去做好這件事嗎？

問一句，貴公司的公司簡介講起來要幾分鐘？老闆都會說三分鐘，但實際上你的業務一份公司簡報檔打開隨便都十幾二十頁，嘴上都說沒問題，我三分鐘講重點，但結果三十分鐘過去還沒講完。

對於公司簡介的建議，最好能準備一個三分鐘以及一個五分鐘版本。如果你是一個很熟練的乙方就會知道，甲方真正的大老闆不會一開始就坐進會議室等著聽你簡報的，通常諸事纏身姍姍來遲，大老闆進來時你剛好公司簡介講一半，旁邊的二把手馬上說，麻煩您從頭快速說再說一次，所以三分鐘殺手鐧這時候就要上場，你公司的美在哪裡，放大你的美，要在大老闆面前一擊就中。

這種中途被打斷、前面不想聽被要求快轉到最後報價頁、甚至停在競爭分析頁被甲方釘住拷問個沒完，等等各種情況，都是高頻事件，完全都是可以事先設計好應對方

案的。可惜很多公司太過依賴資深業務的隨機應變，這種各顯神通最大的問題是，你的公司簡介無法穩定交付。

B2B 第三個 MOT 關鍵時刻，是你的**成功案例**，讓客戶知道你的美，不是你自己講的，不是自吹自擂，是客戶講的，是有實證的。要知道甲方通常都是充滿戒心，「你講的是真的嗎？」肯定需要錨，需要成功案例佐證。

成功案例請最少準備三個，而且需要是具有代表性的案例，為什麼呢？因為這三個案例就是用來證明你的成功不是偶然。那什麼叫做具備代表性？三個案例要分別代表大、中、小市場、不同垂直領域、不同國家、不同區隔，代表你的成功可以「複製」。簡單講，成功案例就是清楚呈現你企業實力，不論各種客戶，你都能夠取得正面成果，甲方才會相信你的美不是自己講的，同時可以複製。

但很不幸的這種經典案例講得好的，常常就是企業老闆一個人，或者執行這個專案項目的人，其他業務都講不好，因為根本不瞭解細節。這種不能複製的斷裂狀態，轉化效率就會很低。所以我們要重視第三個關鍵時刻，案例分享，美不是我自己說的，而且成功可以複製。

第四個 MOT 關鍵時刻，就是 Q&A 問題與回答。當甲方開始問問題，就代表他對你有興趣。所以貴公司有沒有

B2B 的十個關鍵時刻 MOT

1. 一場有高熵標題，具高信息增益內容的演講把風吹起來
2. 三分鐘讓您知道，我美在那裡
3. 三個案例分享，美不是我自己說
4. 讓您 20 題問不倒，你可以相信我
5. 展示產品，看見不同
6. 我可以請教您嗎？真正要的是什麼
7. 讓甲方覺得自己是獨特的，找到甲方的美，放大甲方的美
8. 這是我的提案，我們可以先從這個開始
9. 一出問題低谷，不解釋，立刻來解決
10. 這是我的交付，遠超您當時要的

去收集過企業對你最常提出的 20 題是什麼呢？你有沒有一個標準且最好的答案？如果能準備好 20 道題目用來接招，怎麼問都問不倒，客戶就會感覺你超專業的。我常講如果一家企業聽完你的公司簡介都沒有任何問題，那你問題就大了，代表他對你根本沒興趣，不相信，也不想瞭解，

所以走個過場，應付你一下，比賽就結束。

但真實的狀況是，公司並沒有整理這 20 題。因此公司裡若有 30 個業務，這 20 題的回答自由發揮，就會出現 600 種不同答案，每個業務答的都不一樣。事實上很多業務糾紛都來自於企業對業務的提問，業務亂回答。最常聽到甲方企業生氣的說「欸！你們上一個業務來講的不是這樣啊」「沒有啦他亂講的」，這真的很要命，甲方怎麼知道你哪次來不是亂講的。

所以企業針對最常被問的 20 題，公司要有一個標準且最好的答案，這非常重要。讓你的業務在甲方面前問不倒，甲方就會相信你，而且確保這個回答，在最後是可以穩定交付。以上這些 MOT 關鍵時刻都屬於「引路者」，在「進店」的維度。

接下來就進到「評估者」，評估者一定會做的一件事情，就是叫你 Demo（demonstration），展示產品或服務。所以第五個關鍵時刻，就是**產品或解決方案的展示**。關於這個 Demo，企業最大的誤區，就是把 Demo 當產品教育訓練做。這簡直是幾乎每家企業都會犯這個錯誤，尤其是研發背景的企業，最喜歡講產品了，滔滔不絕從頭講到尾，要知道，客戶根本還沒有要買，他才不想學怎麼用。

展示產品這個 MOT 關鍵時刻，就一個重點，就是讓客戶秒懂你跟別家有何不同。我們前面不斷的提醒大家，洞察的重點在於四個沒有「沒有印記，沒有透傳，沒有差異，跟沒有故事」。所以我們要一秒就讓客戶看到買你跟買別人用起來會有什麼不一樣，那才是你展示產品的峰值，才是關鍵時刻。

展示產品的另一個盲區，就是客戶以為你在展示產品，其實你在透過展示的過程，理解客戶的需求，這才是最厲害且高招的。

所以第六個關鍵時刻，就是把 Demo 過程，變成洞察客戶需求的過程。你可以邊展示產品邊問：「我這個產品有一個最大的特色是什麼什麼，林總經理不知道您公司會遇到這樣的情況嗎？那你們的問題是什麼？這個產品可以幫你做到哪裡。」藉著聊天展示，瞭解客戶真正遇到的問題在哪裡，一旦他講出問題在哪，那就是最重要的切入口，也就是你的交付。

Demo 是個超讚的套話工具，下次面對客戶 Demo 千萬別再單方面自顧自的進行產品教育訓練，而忘了最重要的關鍵時刻，「挖出客戶真正的需求」。

第七個關鍵時刻，讓甲方覺得自己是獨特的，跟別家

企業是不一樣的。你應該好好事前去洞察甲方，找到甲方跟別人有何不同。換句話來講，你應該先找到甲方的美，然後想辦法去放大他的美，也就是放大他的競爭優勢。然後在初次見面的時候，分享你的發現。甲方一定會覺得你超瞭解他，真是遇到知音了。這就是第七個關鍵時刻。

其實每家企業都覺得自己跟別家公司不一樣，這也是第一性思維。所以企業本質都會都期待客製化。當然你更應該根據第一性的底層去思考，「高效、省錢、出結果，能複製」這四件事，你能給客戶怎樣的建議，那個建議朝向什麼終局前進。你們公司的產品解決方案能不能幫客戶達成這四件事，然後給客戶一個建議。這時給出的建議，目的是讓企業客戶知道你厲害在哪裡，知道你真的非常懂他，這才是你在最初這個黃金時刻要建立的首單體驗。

不要讓企業客戶覺得你講了老半天都是自吹自擂，只會講你自己好，沒有針對性給出建議。提出對客戶公司的深度觀察研究，能更好的表達你對這個專案項目的重視，更顯示在這個產業領域你的經驗、理解以及專業程度；然後這個建議本身就是基於企業底層邏輯而來，就是高效、省錢、出結果，能複製。那當然就會是一個峰值體驗。

第八個關鍵時刻，就是**正式提案**。經過前面一連串的

洞察與理解，走到這邊，你應該非常清楚甲方的需求才對，這個提案你將要針對五種角色去做，不能只對決策者一個人友好，因為不一定只有老闆在聽。你當然瞭解這五種角色是比重的問題，最重要的還是，什麼是決策者認為最重要的交付。

提案有一個重點，就是你應該要讓客戶「有選項」，否則你就是讓客戶「沒有選擇」。企業最討厭的就是沒有選擇，企業裡每天已經都覺得沒路走了，乙方要來賺他錢，還逼他沒路走，那你認為轉化率會高嗎？

第九個關鍵時刻，就是**出問題的時刻**，但其實就是你**翻轉**的時刻。很多供應商業主告訴我，企業為什麼對他一買再買，正是因為交付曾經出過問題，但他立刻就解決了，低谷立刻變峰值。解決問題的能力，也是企業實力，所以我建議各位一旦在企業客戶端出了問題，不要解釋，要第一時間立刻解決，把低谷變峰值。在出問題的關鍵時刻如果能反轉，反而能很好的建立信任，企業用戶會覺得和你合作不用擔心被丟包，都能最快時間得到解決，不會影響他做生意，他下一單就會繼續跟你買。

這第十個關鍵時刻，就是「最終」這個時刻「你的交付」。從一開始就要先想清楚，甲方企業要的是什麼，

然後你的交付應該遠超這個企業的想像，他就會覺得超值了。超出他的預期，因此預期管理是非常重要的。

以我們真觀顧問為例，我們幫企業客戶做洞察，做落地，永遠都會先設想這家企業當初買的是什麼，給的超乎期待。例如說企業可能只是邀請我去做一場企業內訓，但我在講課的過程中會提供對他的客戶的洞察影片，企業常常會嚇一跳，然後覺得哇，這真的超值。這個影片不但有助於教學效率，讓學員產生衝擊，「原來消費者是這樣想我們的」，進一步對課程內容達到更好的理解，同時付錢的老闆會覺得賺到了，買一堂課還拿到消費者洞察。

「一開始沒想到，我以為我買的是這個，結果我得到了更多」，這並非要犧牲成本去滿足客戶，而是要理解在達到「高效」、「省錢」、「出結果」、「能複製」這四個面向上，有沒有辦法在交付上遠超企業原先的期待。

這十個企業對企業的 MOT，都是非常重要的關鍵時刻。請時刻提醒自己：

企業要的是交付，不是服務。

搞錯交付，比賽就結束。

B2B 交付時的八件事

在 B2B 的最後，我們回到一開始所說的，B2B 的第一性：高效、省錢、出結果、能複製，企業要的是交付，不只是服務。你現在應該知道，這有多重要了。但在交付的時候，我們要注意以下八件事：

高效 vs. 長期價值

高效代表企業內部立即上線，馬上可以用，交付服務或解決方案，實際上愈高效也是降低你自己的營運成本，這個已經很清楚了。但 B2B 的商業底層是長期的，一買再買是關鍵，因此提供長期價值很重要。企業要能透過穩定交付、良好的溝通協同作業和持續迭代，為客戶提供可延續的長期價值。

省錢 vs. 無風險

企業當然想要省錢，成本效率和盈利能力至關重要。但我們同時也講過企業避損是第一性。在省錢的過程裡，還不能有風險，千萬別忘了這一點。一但讓企業客戶覺得雖然便宜，但風險很大，他立刻轉頭就走。換句話講，企

業的決策不只是便宜而已，無風險是重大決策維度。

結果 vs. 彈性

企業一定會要你出結果，要穩定交付。但有趣的是，企業的競爭是動態的，意思是你對於企業的交付要保持靈活。你不但要滿足或超出客戶的期望（所見即所得，打破超預期，先幫我想好），還要能機動性調整策略與執行。

你會在企業的選擇中勝出，更多時候是因為你最可以靈活的適應不斷變化的需求，跟著客戶的挑戰一起前進，提供多種交付選項，這種處理臨時變更的能力是最大關鍵。競爭環境一變再變，我們為了企業客戶也要隨時靈活調整。

複製 vs. 客製

能夠複製成功的交付是關鍵，我們一定要確保交付的一致性和可靠性，這樣你的企業才有可能變大。但企業都覺得自己是獨特的，因此量身定制的交付服務可以大大提高客戶滿意度和忠誠度，這對於建立客戶信任至關重要。因此你不但要能標準化的複製，同時也要考量根據客戶的需求提供客製。

CHAPTER 13

線上專章：
關鍵時刻在線上

這一章，我們把前面所有講的底層邏輯運用到線上，成一個線上專章。到這邊你已經建立好了底層邏輯，看世界已經不一樣了。你不再只用眼睛看，而是用大腦看，你的洞察起了質的變化。

首頁是電商的第一門面，所以針對線上先問第一題，首頁到底要對誰友好？

經過前面的練習，你現在應該能回答，消費者可以分成增量／存量、高淨值人群／低淨值人群、新手／老手、小紅／小白／小黑以及紅轉黑，還有顏值黨、跟風黨、參數黨跟性價比黨等各種消費者。經營線上生意，對所有使用者都需要讓他們覺得訊息有感、使用容易、購買方便。

這也是做線上生意考量需要更全面的原因，畢竟線下有物理空間距離限制，會進到實體店裡面去的人一定有地緣上的理由，不是住附近或在旁邊上班，要不就是特地約了人在這裡碰面。總之，不會沒事千里迢迢去一家實體店「閒逛」。實體店能觸達的消費群眾是有距離限制的。

但線上不同，你不可能叫誰不要來，例如說你賣女性無尺碼內衣的，你能說這衣服比較適合小胸女生，所以叫豐滿女生滑手機時不要滑到這嗎？所以你如果是電商就應該要想，你的首頁是否對各種不同的消費者都很友好，有提供不同視角嗎？現在的技術都做得到千人千面，但偏偏你的首頁就是雷打不動只有一種封面，只對一種人講話，所以怎麼能怪消費者一見就不進。

線上六大誤區

第一個誤區就是，你覺得把商品上架電商平台，有了一個專屬網址，或是有一個自己的App，就覺得自己是電商了。依我看，這種操作大約等同於在大賣場放了一個貨架。放貨架，等於做電商嗎？

我這裡有四道檢核題，你不妨檢查一下你所謂的「電

系統一 ｜ 印記	系統二 ｜ 印記
1. 顏色	6. 品類名
2. Logo	7. 爆品
3. 門店	8. 代言人
4. 產品外觀	9. 產品名
5. IP 智慧產權	10. 廣告語

商首頁」，看看四題中幾題：

1. 消費者認得你這家店的名字嗎？
2. 商品有吸睛款、流量款、利潤款或經典款嗎？
3. 有沒有進站必買？
4. 店的印記在哪？（核對上方十大印記）

如果以上四題的答案，都是沒有，你當然只能算是一個貨架！把商品標價之後上架，你賣的跟別人幾乎一樣。

很多做電商的都脫離不了這種貨架思維，網頁上光禿禿的商品陳列、赤裸裸的價格競爭。一般人開一家實體店都還會找設計師裝潢店面，打個投射燈，把店裡弄得漂漂亮亮的，不知道為什麼開個線上店就不化妝了。什麼都不加工，就好像做郵購目錄那樣把東西都丟上網，照片解析

度差到好像盜圖一樣,甚至有的圖連別人的浮水印都懶得修,商品也不去背,這樣子怎麼有辦法溢價?

線上的第二個誤區,你的美在首頁的哪裡被放大?

你這家公司的美、品牌的美,有告訴消費者嗎?很多人就是擺了一堆貨,然後期待消費者自己會買。說真的網友只要以圖搜圖,同樣商品一搜一大堆人在賣,因為看不出來到底有什麼不同,他當然選那個價格最便宜的買。那你真的要對自己的價格競爭力持續有信心才行。

美沒有放大,其實是一個非常嚴重的問題,舉例來說,一個電商客戶跟我說,他網站上賣的東西全部提供終生保固,我第一句話就問,你的網站上怎麼不講?全部都只是擺貨。最重要的美——和別的電商最大的差異,都沒有強調,沒有讓人秒懂,這就是美沒有透傳。

線上的第三個誤區,首頁沒有對不同人群友善。

要對消費者友善,就是要協助他用最短路徑找到商品。線下實體店會用陳列、POP 店內指引、貨架路線等去引導客戶找到自己要買的東西,而線上店靠的就是品類的分類、推薦、「猜你喜歡」。

線下店有物理空間的侷限,擺不了太多貨,但線上店,理論上可以無限擺放,那你怎麼從來都不擔心客戶找

不到？什麼你假設消費者會想要往裡面慢慢翻？非常有可能消費者會跟你我都一樣，滑幾下找不到就走了，好不容易引進的流量，只用了三秒就跑掉了。

第四、還有一個誤區是你以為開了線上店，線下店的人潮就會自動到線上店來逛。如果你想開一家實體店，光是店面就要找好久，要考慮人潮，交通要便利，還會考慮商圈特性，客層消費力等，但到網路開店時，怎麼就不事先想好流量從哪裡來呢？

第五個誤區，也是我最常問老闆的那句話，首頁到底歸誰管？首頁流量最大，經過的人最多，會不會全部責任都在一個最資淺的小編身上？小編和老闆的管理目標、底層邏輯有同步嗎？這個首頁的權責歸誰？用大白話講就是，「萬一這家網路商店掛了，誰來扛」，就能理解這個管理層級應該歸屬誰了。

第六個誤區，也是最恐怖的一個，就是「分發效率」。我們都知道分發效率線下慢、線上快，意思是你在線上能觸達的消費者是多的，但你最容易忽視的盲區就是你的競爭對手在線上更多。你在線下開店，競爭對手可能就是你周邊的店家，同一條街，可能十家就算多了，但你在線上的競爭對手可就是數百家。

線上六大誤區

1. 做電商的脫離不了貨架思維
2. 你的美在首頁的哪裡被放大？
3. 首頁沒有對不同人群友善
4. 以為線下店人潮會自動到線上店來逛
5. 首頁歸誰管？
6. 在線上能觸達的消費者是多的，但是你的競爭對手在線上更多

所以雖然線上流量大，但轉化率超低，你過去還在吃流量紅利，不關心轉化，等到流量貴到爆，才會意識到，轉化率有多重要。

洞察｜線上進店八問

線上跟線下最大的不同，就在「進店」的效率不同。關於線上的第一題你就該問，風怎麼吹，人怎麼來？風吹印記拉增量，你的網路商店吹的是哪種風？

第二問，就該是針對首頁，你的首頁友好嗎？有對標

網路商店吹的是哪種風？

1. 朋友是最強的跟風
2. 四大平台的台風
3. 超級大 V 的龍捲風
4. 大數據銷量評分的人造風
5. 競爭對手吹的妖風
6. 事件的熱點風

不同的消費者嗎？前面提過的增量和存量、高淨值人群、低淨值人群，新手／老手，小紅／小白／小黑以及紅轉黑，還有顏值黨、跟風黨、參數黨跟性價比黨，都要有明確對標。首頁一定要面對所有人，不同消費者就遞送不同的標題和內容。最怕就是你只對一種人友好，其他人進店後滑幾下，發現好像沒有想要的就走掉了。

第三問，我希望提醒大家用系統一與系統二來看，「顏色」是系統一的關鍵。所以你的網店，主色系是什麼顏色？印記在哪？你的辨識度？想想看，如果你開一家實體店，都會想辦法把自己變成漂亮的店，在線上就應該要花一樣的精力，把網路商店的門面弄得有辨識度，讓消費者一眼

難忘，都還沒買就覺得「哇，這家店好特別，一定要點進來逛逛」。同時別忘了，不要線下店弄得很高級，結果線上店就是個光禿禿的貨架，這樣消費者的心智就不連，就是沒有「魂體合一」。

第四問，錨在哪裡？如果不想拚價格，想要變高級，要有溢價，那就必須要利用錨定效應拉抬自己的品牌，所以你的「錨」在哪裡？想賣貴，這是非常重要的底層邏輯。如果目標是想要吸睛，那你的「熵」在哪裡？消費者在線上的時鐘更快，注意力更短促，如果你做電商沒有錨，又沒有熵，又不吹風，那這生意可就難了。

第五問，首頁消費者點擊了哪裡？哪裡不點，一定要花時間研究判斷，時時調整改善。就跟經營管理一家實體店一樣，開店會計算坪效、移動貨架、改善擺設，網店首頁當然不能萬年不改。但你知道消費者為什麼不點，又或者為什麼點嗎？存量點哪裡？增量在看哪裡？圖怎麼改？文字怎麼修？答不出來，網站迭代會有問題，效率就低。

第六問，四大產品在哪裡？四大產品就是吸睛產品、流量產品、利潤產品跟經典產品，這四種產品都有其不同的目的性。

有吸睛產品你才會被關注，有流量產品你才有大增

長;有高頻利潤產品你才能獲利變現,有經典產品才是做品牌。所以你清楚你線上商店的產品組合嗎?利潤產品是不是藏在非常裡面,消費者根本沒見到?

我有時在臉書被廣告打到,覺得這東西好有趣喔,想看看賣多少錢,不太貴的話就買來試試,結果廣告點開卻連到網店首頁,首頁上一百種商品就是沒看到廣告主角,我最煩這種設定了,馬上就會點上一頁直接離開。

我大概可以猜測到這類廣告是想讓人從首頁進店,進而看到豐富的商品陳列,但這跟標題黨用誘餌標題騙點擊量有何兩樣?流量浪費掉不說,還一秒激怒消費者,「浪費我的時間」。

吸睛和流量商品,就應該直接擺在最上層,消費者點了廣告進店,當然是先讓他一鍵完成交易,心智「預售」變成心智「即售」。效率才高。還有,在網店中你的吸睛、流量、利潤、經典四種產品,各要完成什麼任務?是帶客進店?還是完成首單交易?要協助消費者排除障礙,直達目標。

第七問,產品的美,以及更新迭代,能讓人秒懂嗎?品牌或廠商花了時間資源進行產品的更新設計,這些優化、改良消費者是不是能 get?或者還以為買的都是老款,

線上進店・洞察八問

1. 風怎麼吹？人怎麼來？
2. 首頁友好嗎？對標不同的消費者嗎？
3. 你是什麼顏色，印記在哪？辨識度為何？
4. 想高級，錨在哪裡？想吸睛，熵在哪裡？
5. 首頁哪裡點，哪裡不點？為什麼？
6. 四大產品在哪裡？
7. 產品的美、更新迭代，能秒懂嗎？
8. 能感受到你想傳遞的品牌訊息嗎？

需要在網頁上更有效率的傳達。

最後是線上進店的第八個問題，消費者能不能一進首頁就充分感受到品牌訊息？這家店的定位是貴的，還是便宜？是講究高科技，還是人文氣息？是高級，還是平價？我們之前對消費者所做的進店洞察，品牌輪精選出來的品牌訊息，就要在首頁設計上確實進行落地，如果首頁無法具體落地品牌訊息，就是失敗。因為體驗設計就是要進入心智，產生行為。

洞察｜線上轉化八問

「流量」很大程度會決定一家電商的成功或失敗，但現在所有人都面臨相同的壓力，就是流量成本愈來愈貴。沒什麼好討論的，唯一解決方案就是提升轉化率。只要進店了就要能成交，該怎麼做？就是降低選擇障礙，並且放大你的美。

在轉化的時候，吸睛產品和流量產品這兩樣產品最重要，要讓人一眼就看到。因為吸睛產品才會讓人關注，讓人停留在你網頁，但真正要下單時，流量商品才是關鍵。這時要好好設計首單體驗，用來做轉化的首購商品定價不要太貴，「甜甜價」能讓人無腦下單，能很好的降低購買障礙。流量商品的利潤不是最關鍵，先攬客進來，建立好的首單體驗，後面再賣他利潤商品。

再來就是首頁的類目是否符合「人、貨、場」的第一性思維？人就是TA，貨就是商品類別，再加上場景。以女性無尺碼內衣來舉例，「貨」邏輯就是大、中、小號（S、M、L），這些尺碼的規格、材質等等，都屬於貨邏輯。「人」邏輯就是大胸顯小、小胸聚攏、防止下垂外擴。

「場」邏輯就是上班穿的內衣、運動內衣、哺乳內衣。

人貨場符合第一性,這樣才會最大程度的友好不同的消費者,容易對號入座,轉化率才會高。

線上轉化還有一個重點,就是試用、試穿如何呈現。產品使用的好處或美感,要透過精心規劃的網頁設計,去讓消費者充分感知,讓他能理解甚至去想像自己使用商品時會是什麼狀況。

所以像是開箱影片或照片、使用步驟的影片,正面、背面、側面各種角度以及不同身高的穿搭照,或者滑鼠移動過去,模特兒耳朵上的耳環細節隨之放大等等,現代的互動科技,甚至模擬技術,已經能讓產品試用的呈現方式趨近逼真,線上展示方法可以說充滿想像。簡單說重點,就是電商有責任代替消費者在電腦的另一端進行完整的產品體驗,然後簡單有效地呈現出來。

然後關於產品迭代更新,推出新系列,消費者能秒懂嗎?舉例來說 iPhone15 就是比 iPhone14 新,這都不用說,就秒懂的事。

最後,轉化最大的問題就是,電商總喜歡讓消費者花時間去選,可惜現代消費者最不喜歡的就是花時間選。所以「猜你喜歡」、進站必買、排行榜,都是在降低選擇障礙,因為他懶得選,我們就應該幫他做好功課,直接給答

線上轉化・洞察八問

1. 小白/小黑的障礙，有沒有滅掉？
2. 企業的美，有沒有放大透傳？
3. 大錨與信息增益在哪裡？
4. 吸睛、流量產品有沒有一眼看到
5. 人TA、貨類目、場景，是第一性嗎？
6. 試試看？用起來的影片或照片
7. 新的系列或產品迭代，秒懂差異嗎？
8. 懶得選，猜你喜歡、進站必買、排行榜

案告訴他買哪一個好。

這線上轉化的八大提問，能夠很好的幫助你檢查線上轉化的洞察，有沒有找到核心MOT，洞察後才進行落地。

如果忘了洞察和落地的步驟細節，請翻閱前面說明過的洞察i畫布，以及X畫布。

落地｜線上進店八招

線上進店要怎麼落地？我用四句話簡單總結，叫做：

吹起來、錨起來、裝起來、燒起來

吹起來，就是風吹印記拉增量，要吹風；然後要用上大錨，有錨定才容易讓消費者買單；裝起來，就是要能讓消費者裝，能裝才會覺得值了；燒起來，才會進入私域的圈層。具體要怎麼做呢？

在線上的操作，最怕就是你只對一種人友好。增量／存量，新手／老手，小黑／小白／小紅／紅轉黑，甚至高淨值人群／低淨值人群，顏值黨／跟風黨／參數黨／性價比黨，統統都會來。明明現在網路技術都做得到，但你的線上溝通還是只對一種人講話，這樣子溝通效率就非常差。

我們來講講「**線上種草**」，我常常提醒電商企業主不要光是只種低級草──每天種韭菜和割韭菜，也要同時種高級草。意思就是韭菜要種，人蔘也要種。但人蔘這種高淨值產品的生長期長，又不好種，我不誇張的說，公司裡誰負責種高級草，通常都會先離職，為什麼？因為吃力不討好，種高級草不會很快出成績。

但我想提醒各位，指數型成長就是這樣的，前面會有一段很長的時間看不出變化，你需要去累積。換句話講，你去種高級草，它不會馬上發生效果，數學裡面的指數效應前期，它的遞增跟遞減都是很慢的，等指數累積到一定，後面就會出現非線性增長。同樣的，什麼事情都不做也是一樣，你也不會一下子就下來，而會慢慢地、慢慢地，突然就斷崖式的下跌。

所以高級草要持續地種，不能停。不要以為一直種韭菜沒差，反正有快錢可以賺。問題是你韭菜割久了，別人就覺得你品牌很低級，以後你的東西都很難賣貴。

想要在線上種高級草，就不要讓人一眼就看出來是廣告。以寵物醫院為例，寵物醫院的形象廣告，很多時候就

關鍵時刻　關鍵思維

指數效應前期的遞增 / 遞減很慢，你不會一下子就下來，而是慢慢地、慢慢地，突然就斷崖式的下跌。

線上種草的內容，是 BTA 覺得值了的場景，「十裝」的場景要用出來。

是把一個甚至是一群看起來很專業的白袍醫生，雙手抱胸的照片當成主視覺，對吧？我這樣一說，大家的腦海裡一定可以浮現那個景象。但說真的，很多宣傳照都是這樣拍的，那訊息有何差異？完全沒有熵值。

我們幫客戶設計的主視覺，就是醫生和流浪犬互動的模樣，這家醫院原本就一直有在收容救治流浪犬。我們要植入的訊息是「愛」，是連街上生病的浪犬都愛的那種程度。這種訴求情感的訊息，就是種高級草。

線上種草時，你賣的產品要解決什麼，要有指向性。種草的內容應該要是 BTA 覺得值了的場景，「十裝」的場景要出來。首頁如果想要改版，就要大改，要讓人覺得一眼不同，放大你的美，品牌辨識度，都應該要在首頁上透傳。首頁改版最有效的方法就是改「顏色」，顏色一換，消費者立刻有感。

顏色＞影片＞圖片＞符號＞大錨＞標題＞文字

顏色的效率最高，再來是影片；文字是效率最差的。你用大量的文字，根本就不行。Netflix 曾為此做過實驗，發現人們僅會為一個影片停留 1.8 秒，如果 90 秒內沒有點擊任何一支影片，很可能就直接關閉 Netflix。影片如此，

那純文字的點擊率我想可以不用解釋了。

消費者在線上，是同時使用系統一加系統二，所以我們要用系統一更高效的方式先植入，「顏色」就是標準的系統一，所以溝通速度非常快，然後再啟動他的系統二去判斷。最重要是「錨」一定要被看見，種高級草一定要用上錨定，印記也要疊加。如果你要拍短影音，以上這些統統都要經過底層邏輯的檢驗。

線上進店的落地，利用演算法和大數據分析是一個重點，所以「個性化推薦」，也就是「猜你喜歡」，這種雙向貼標能更準確地引流帶入分眾消費者。

另外就是精美的縮略圖，根據用戶的觀看歷史和偏好，動態生成和展示最有可能吸引用戶點擊的縮略圖，加上「分類瀏覽」提供多種影片分類和篩選功能，方便用戶查找特定類型的影片。你看，根本就講完了。

《抖音探店 2022 數據報告》顯示，有 72% 的抖音生活服務商家邀請過達人探店並收獲訂單，這些探店達人累計為抖音商家帶來了人民幣 295 億元的年營收，這一數字同比增長了非常多倍。這顯示了：

「線上種草、線下消費」，OMO 的商業模式已成形，探店引流的確能有效為零售行業提供助力。

線上進店・落地八招

1. 一眼不同,小改沒用,顏色最有用
2. 顏色 > 影片 > 圖片 > 符號 > 大錨 > 標題 > 文字
3. 打造印記,建立你的辨識度
4. 對標不同 TA,進店要有吸睛產品
5. 放大你的美,降低選擇障礙
6. 線上吹風種草,要有高級草,高級要有大錨
7. 主動搜尋,詞要來自心智(詞窮是最大問題)
8. 被動推薦、猜你喜歡,要雙向貼標

　　這也在提醒,線上和線下都有經營的企業主,一定要確保品牌訊息、品牌印記,在線上和線下都一致疊加,一致疊加才能把認知變資產。同時線上和線下都要穩定交付,才能發揮你的交付效率,算法效率。**運用複合,享受複利。**

　　最後講到讓消費者「主動搜尋」的詞要來自心智,例如講到「巧克力」,那個詞會是「絲滑、濃醇香」。這時我們使用「脆」這個詞去賦予巧克力另外一種形象,訊息立刻就高熵起來,消費者就會一見就進。

詞窮是很糟糕的事，講到食物只會說好吃，講到衣服只會說好看，這就不會有高熵訊息，沒有熵值就不會進店。就好像過去家具我們常說「北歐風」，現在要說「侘寂風」，才是高熵詞。

主動搜尋之外就是「被動推薦」，你的首頁有沒有厲害的「猜你喜歡」呢？每一個電商都應該要非常瞭解消費者到底在買什麼，而你在賣什麼，雙向貼標，精準榨乾。

落地｜線上轉化八招

線上轉化怎麼落地？也就是在說明流量怎麼變現。

分享一個小測試，如果這個電商網站有「排行榜」，就具備了「貨架思維」；如果有「進站必買」，那就具備是「產品思維」。做產品的人最喜歡告訴別人他哪個產品最厲害，最值得買，所以會推薦特定產品的網站，就是依照產品思維建構的。貨架思維則是想要告訴你，我家哪一個產品賣最好，你就買這個。一個熟練又有效率進行轉化的電商網站，答案當然是兩種思維都有。不管是貨架思維，還是產品思維，目的都是降低消費者的選擇障礙，所以「進站必買」和「排行榜」兩個都必須要有。

轉化一定要有流量產品,而且要對標不同的消費者。至少要做到「黑白友好」,讓小黑可以買到,小白也可以買到。但小黑和小白的轉化做法是很不一樣的,小白你賣他貴的,他說我又不懂,不必買那麼好,第一次買個入門款試試就好。而小黑呢,你給他太便宜或太簡單的東西,他會嫌你不夠專業。所以轉化的流量商品,對小黑和小白要分開設計。

　　還有一個轉化的關鍵時刻,就是線下的陳列以及線上的類目。這個分門別類的方法,要依據第一性思維的「人、貨、場」去設計,才能讓消費者一買再買。針對增量、存量、馬斯洛的七層需求,貨和場景都要設計,消費者才能自己去對標找到想要的。

　　新品要有新品專區,不同系列能否更直覺呈現?迭代產品能否讓人秒見不同?第四代、第五代、第六代,就比XYZ好懂吧。蘋果已經證明給你看。這些都是在幫助消費者秒懂,瞬間 get 到你的美,更快速找到他要買的東西。

> **關鍵時刻　關鍵思維**
>
> 轉化一定要有流量產品,對標不同的消費者。
> 至少要做到「黑白友好」。

演算法能幫消費者節省時間,不僅在轉化,複購更重要。「猜你喜歡」就是關鍵。一定要將消費者和產品雙向貼標。

意思就是,當消費者買第一件商品之後,後面要再賣他二、三、四樣商品的規劃(再買234),一開始就要想清楚,然後精準推送,有利潤產品和經典款讓消費者買,有更好、更貴的產品讓他選。線上轉化時要整體規劃好。

線上所有的操作,都是要把心智「預售」變成心智「即售」,效率才是重點。

過去花一堆時間在那邊做心智預售、行銷宣傳、打廣告、參展,真正成交的時間遠遠滯後。但線上不這麼來,線上營銷就是我今天聽到你,就是我今天買你的時候。

立刻、馬上、現在,這才是心智即售的高效率。同時配合「再買234」,產品一波一波推送,這樣你的LTV[2]才會高。即使現在每家企業的CAC[3]都在上升,但如果你的LTV / CAC 比率是高的,那代表流量充分被運用,你才會是行業之王。

---

2 LTV,Life time value,一個用戶在其生命週期內為公司貢獻的總收入
3 CAC,Customer Acquisition Cost,企業獲取一個新用戶的平均成本

線上轉化・落地八招

1. 「進站必買」、「排行榜」,降低選擇障礙
2. 轉化要有流量產品,對標不同的消費者
3. 線下陳列、線上類目是轉化的關鍵時刻,依據人、貨、場,讓消費者一買再買
4. 新品、不同系列,迭代產品要秒見不同
5. 演算法幫消費者節省時間,就是猜你喜歡
6. 再買234:更好或更貴的產品在哪裡?四大產品
7. 首單體驗要好,關鍵是買對東西(黑白友好)
8. 秒懂使用後體驗(開箱、試聽、試用)

CHAPTER 14

MOTX 峰值引擎

　　我在《峰1》一書裡曾經以一蘭拉麵和米其林餐廳作為例子，說明 MOT 和商業模式是需要適配的。一蘭拉麵和米其林餐廳都是很優秀的商業模式，一個是採用標準化，使企業能快速複製與擴張，一個能做價值銷售，賺取超高溢價。做品牌，並不是一定要把東西賣貴，而是要抓對 MOT。怕就怕企業夾在中間，既沒有標準化，又沒辦法賣貴，那才是問題。

　　不管你選擇哪一種商業模式，要落地 MOT 幾乎牽涉企業所有部門。我們再仔細看一次 MOT 落地的 X 畫布，上面 26 個格子要做的事情，從產品、業務、行銷、門市、財務、管理、人事等部門，沒人能置身事外。

X3 畫布

1. 細節描述：MOT 就是那個截屏	10. 哪個黃金時刻？最初、最高、最終	11. 運用心理效應：錨定／前景／框架／助推
2. 這個時刻多久？	9. 吹哪種風？五種風	12. 四大維度：側重進店／轉化／複購／推薦
3. TA 是誰？增量、存量	8. 消費者的角色：十大障礙在哪裡	13. 運用系統一或二？消費者是什麼黨？
4. 美在哪裡？拿什麼產品交付？	7. 錨在哪裡？十五錨	14. 消費者動機：七大底層情緒
5. 品牌訊息針對哪個維度？	6. 疊加哪個印記？十大印記	15. 擬人標籤：28個品牌個性標籤

20. 哪個落地點？ 12 個落地點	21. MOTX 頂層設計 說清楚體驗設計為何？（布景、道具、動作、服裝、走位、表情、台詞）與第 3-20 格的關係	26. 企業成本為何？ 激勵機制為何？
19. 佔據了消費者哪些感官？		25. 消費者最後做了什麼動作？
18. 消費者裝什麼？ 十裝		24. 企業第一負責人是誰？最終誰在執行？
17. 消費者什麼時候覺得值了？十值		23. 這個 MOT 的指標為何？
16. 高熵訊息 vs. 高信息增益		22. 消費者最後說了什麼？

MOT 是一把手工程

所以我們要如何打造 MOTX 引擎，建立一個峰值體驗團隊呢？

首先就是要確認 MOT 是誰負責，**每個 MOTX 要有一個第一負責人**。

企業在剛開始接觸「峰值體驗」這套體系時都會非常興奮，覺得這就是方向，準備大幹一場，寫 MOT 時全體動員、全情投入，真的寫了一卡車，然後呢？就沒有然後了。這就是很多公司的毛病，寫 MOT 寫得很高興，定的都是別人要來做，有的公司連個名字都推派不出來，要不然就說老闆負責。每次帶工作坊，看到企業卡在誰要負責 MOT 落地時，就知道這家公司問題大了。

第二個提醒就是，企業要落地 MOT 時都迫不及待，看到 X 畫布就直接做，這是不對的，**落地 MOX，一定要從洞察開始，做出品牌輪**。品牌輪要先確定選對人，做對事，跟說對話。沒有先做品牌輪，做 X 畫布時一定卡關，像是第 5 格品牌訊息你就填不出來，TA 是誰不知道，品牌個性是什麼也不知道，都沒有答案，X 畫布就沒辦法做。

第三、看過 X 畫布就可以知道，X 畫布有好幾種解讀的方法，如果橫向解讀，有一排都跟 TA 有關，有一排跟產品有關，有一排都跟訊息有關。事實上 **MOTX 要能成，就是橫向組織都應該要參與**，因為你需要的是「連續做對」，連續在企業裡面的意思就是各部門都要對。所以選這個第一負責人時，他不能太低階，太低階他是拉不動這個橫向組織的。

第四個提醒，**做 MOTX 峰值體驗時，增量跟存量要分開，就是組織應該也要分開**。這樣才會真正的雙增長。否則企業常常就是一鍋粥，看著存量想增量，但負責人只覺得有存量的增長就能達標了，根本不會去想增量的增長，永遠都在榨乾存量。等到榨不動了，人也離職了。建議企業要把存量變成一個組織，然後增量變成另外一個組織，要分開，這樣才能進行雙增長。

X 畫布是一個戰略檢查表，不是一個創意圖。他在幫你檢查你的創意或設計，有沒有底層邏輯？具不具備商業價值？能不能植入心智，產生行為？並且能不能夠複製？X 畫布是企業共同協作的基礎語言，**跨部門一定要利用 X 畫布去協作**。

不論是品牌輪或者 X 畫布，絕對不可能做一次就搞定，一定是不斷的做，然後不斷迭代。過去沒有 X 畫布，在創造體驗設計時可以說是瞎做，憑感覺或是碰運氣。當你有底層邏輯時，高頻不斷迭代，成功就只是時間問題。就跟 ChatGPT 一樣，如果底層邏輯所建的模型是正確的，數據量足夠多，不斷迭代，那麼結果就是驚人的。所以底層邏輯、框架模型、迭代速度，就是《峰2》這本書的重點。

「最重要的事，就是確保最重要的事，是最重要的事。」一個老闆最容易犯的錯，就是把最重要的事變成不重要的事。第二個可怕的錯誤，就是把最重要的事交給不重要的人去做。300 – 10 = 290，如果你都已經找到了那最重要的 10 件事，就一釐米寬打透一萬米深，集中火力讓它成吧！

關鍵時刻 〰️ 關鍵思維

打造 MOTX 引擎：
1. 每個 MOTX 要有一個第一負責人
2. 一定要從洞察開始，做出品牌輪
3. MOTX 要能成，橫向組織都應該要參與
4. 做 MOTX 時增量跟存量要分開，組織應該也要分開

落地六件事

　　落地第一個關鍵,就是要拉齊認知。為什麼要拉齊認知?因為「連續做對」才是關鍵。峰值體驗系統是一個體系,從選對人、做對事、說對話開始,一路在確保的就是要「連續做對」,因為連續做對才會發生魯拉帕路薩效應,才會有非線性成長。

　　「連續」就表示很多人都必須要做對,企業裡要落地MOT,需要各個不同部門的人協力,同仁至少要先懂得什麼叫做 MOT,有共同語言才能共享認知,才能共同協作。所以不管是上課也好,讀書會、看線上課程也沒問題,企業內部首先要對 MOT 關鍵時刻的洞察與落地,有相同的理解認識。

　　舉個例子,對於要做增量或者存量,公司內部的想法是一樣的嗎?很可能公司現在吹的是增量的風,結果業務擺的是存量的貨。像是街邊店的櫥窗應該是要做增量,對吧?希望吸引沒買過的小白進店。結果你去問店裡的櫃姐,櫥窗裡人偶身上該擺什麼款?櫃姐常常回答,「當然要放現在賣最好的」、「店內最熱銷的」。

唉，最熱銷、賣最好的意思，當然是「存量」啊。這就是很典型的「用存量思維去想增量」，這就是為什麼公司不斷推出新產品，增量卻沒有成長，因為非常有可能你還是在吹存量的風（行銷部門），也非常有可能你的新產品（產品部門）根本不是基於增量邏輯去做的。企業的內部認知沒有拉齊，不懂存量／增量，不懂什麼是裝，什麼是移除障礙，當然沒有辦法連續做對。

MOTX 峰值引擎要能運轉啟動，首要就是拉齊認知。先拉齊企業內部同仁的認知，有了共同的認知、共同的語言，才能協作。接著是拉齊企業所有人對消費者的認知，這就要透過消費者洞察了。

以我們真觀顧問幫企業做消費者洞察來說，一定會要求企業從決策者到牽涉部門，全部都要全程參與。因為我們將消費者洞察這個過程，當成拉齊認知的重要工具，利用真實的消費者訪談去打破認知，激發討論。

通常，企業內部一起參與消費者洞察，幾乎都是一聽到消費者分享完，立刻就改變原有的認知，同頻協作。所以全員參與洞察工作，去拉齊認知是很重要的，這個做法的效率才高。

MOTX 要落地成功，老闆要親自帶頭。洞察的高度決定所有的事情，如果你把洞察當作是行銷部門的工作，這件事就已經錯了。**洞察的目的是「找賽道」**，找到 300 – 10 = 290，這是戰略思維，所以老闆一定要自己領軍。

MOT 是「一把手工程」，因為 MOT 的選擇牽涉了商業模式，牽涉了戰略佈局與資源分配，甚至有可能「人事物要被大改」，沒有最高領導人出來做決策，搞不定的。**MOTX 落地失敗的最大主因就是老闆不參與。**

每個 MOTX 都要有第一負責人，公司高頻跟進迭代，並要配套激勵機制。X 畫布第 26 格就是要填激勵機制。我很鼓勵企業內部進行小規模、高頻率的更新與改善，一邊落實一邊調整，疊加前進。奔著底層邏輯與框架去迭代，出結果，同仁們就該被認可獎勵，配上激勵政策，同仁有動機、團隊有方法、業績增長的速度才會更快。

運轉 MOTX 峰值引擎，要掌握時間拉齊認知。上課、讀書會、聽網課後的 **21 天內最重要**。趕緊做消費者洞察，然後把洞察做成 i 畫布、完成品牌輪、金榜、接著產出 X 畫布，21 天之內以上這些事情應該都要發生才好。否則大腦認知會隨時間模糊，不用就遺忘。

落地六件事

1. 一定要先拉齊認知，同仁要先懂得什麼叫做 MOT。請你先幫大家上課，有共同語言，才有共享認知，才能共同協作
2. 做消費者洞察，拉齊企業所有人跟消費者的認知
3. 沒有落地的最大原因，就是老闆沒帶頭；洞察高度決定落地成果，MOT 是一把手工程
4. 每個 MOTX 都有第一負責人，公司要高頻跟進迭代，並配套激勵機制
5. 把握前 21 天，節點的種植需要疊加
6. 重質不重量，酷炫、高大上但做不出來，等於白搭

　　MOTX 我們不用做一堆，又酷又炫還高大上，結果做不出來也是白搭。峰值體驗設計就是重質不重量，MOT 核心就是 300 － 10 ＝ 290。做對事情才會產生峰值。

打造 MOTX 峰值體驗團隊

所以你需要什麼樣子的團隊呢？

你要打造峰值體驗，就需要能夠打造峰值體驗的團隊。能落地金榜 MOT 的人，就是你最需要的人。

打造峰值體驗團隊，你需要的人，必須是可以執行金榜 MOT 的人，根據金榜去找人，這種人才能有確定性的穩定交付。以前找人，你看的是學歷、經歷，現在找人，應該要根據能不能完成 MOT 金榜去找。也就是說，徵人面試時你就該用 MOT 金榜的角度去面談、去測試。

就拿我們真觀顧問為例子吧，對我們來說非常重要的 MOT 金榜就是客戶訪談，這是很高頻的事件。訪談計畫執行速度要快，要聽懂客戶說什麼，要能寫訪談報告。所以我們在面試新研究員時，就是真實的客戶訪談實操。可能會拿一段訪談影片，請面試者摘錄出訪談重點，或者請他針對特定品牌設計一個訪談計畫，或者我們給他一個商務情境，請他現場訪談我們。

這些過程我們想要知道什麼呢？就是一位研究員是否具備傾聽能力，能不能聽懂客戶在說什麼？會不會被繞彎繞進去陷阱裡了？然後他有沒有追問能力，對好奇的事情

會不會想追根究柢？以及抓重點和撰寫報告的能力。如果他還能加上一點測謊能力，對客戶訪談的對話保持警覺，那對真觀顧問來說簡直就是天選之才了。

有時候我們還會加上情境題，例如面試者已經提交一份摘要或者報告，我們會跟他講，你哪裡沒有聽到，或哪裡答得不太準確，請他重來一次。如果他再次交件，我們看出來他沒有 get 到我們的意見，那這位面試者大概率就不會合作了。

因為在真觀顧問，不斷迭代是一個重要的 MOT，是高頻發生事件。我們必須要找到天性就是願意迭代，要意打破自我認知的人。我們出報告一定會一改再改，所以聽懂指導而且能快速改善的人，才是我們能配合的人。這就是用關鍵時刻 MOT 找人的方法。

打造 MOT 團隊，在 X 畫布上面和底層邏輯相關的組織，橫向的都要參與。如果沒有把大家都拉進來，就有可能變成只是單一部門事件，無法產生綜效。當峰值體驗的團隊建立，並且訓練了一段時間之後，這些團隊的成員都會變成種子，他們就是你的 BTA，回到各自單位之後，還可以影響更多部門裡面的人。

最後一點，建議大家增量跟存量的團隊要分開，各自

負責。如果你沒有拆分開來，因為倖存者偏差、路徑依賴、組織惰性，最後大家又回去做存量。業績沒辦法達標了就降價，就 call 老客人回娘家，掃一波業績進來，沒有人會認真看待增量，去把增量做起來，長此以往下去永遠都別想破圈。所以我誠心建議，企業要把增量跟存量的團隊切開，才會有非線性增長。

結語

　　以底層邏輯為節點，種進大腦；以思考框架為算法模型，在架上快速迭代，是我在這兩年最大的心得。如同 AI 訓練一樣，只有透過不斷的練習與迭代，你計算的能力就會愈來愈快，還會愈來愈精準。

　　企業最終需要打造的，是一個適合 MOT 主動進化、發展的生態圈，而這個生態圈需要的，不只是算力（對數據、訊息的處理與輸出的計算能力）而已，還需要算法（演算法，解決問題的邏輯思維）。

　　算法，就是資源分配、效率以及節奏。你本人，就是個行走的演算法。然而，光靠人腦去連結、計算終究有其極限，未來一定是個依靠算法與算力的時代。所以如果未來還有《峰3》，我期待把這一切的算法數據模型全都在 AI 上實踐。

　　簡單留給你，複雜留給自己。我先從自己開始。

國家圖書館出版品預行編目 (CIP) 資料

峰值體驗.2, 增量／存量雙增長的戰略思維, 實現商業效益指數型躍進的關鍵洞察與落地／汪志謙, 朱海蓓著. -- 第一版. -- 臺北市：天下雜誌股份有限公司, 2024.11

面； 公分. --（天下財經；565）

ISBN 978-626-7468-62-3(平裝)

1.CST: 消費市場學 2.CST: 行銷策略 3.CST: 品牌行銷

496　　　　　　　　　　　　　113015227

天下財經 565

峰值體驗 2
增量／存量雙增長的戰略思維，實現商業效益指數型躍進的關鍵洞察與落地

作　　者／汪志謙、朱海蓓
封面設計／Javick Studio
內頁排版／FE 設計蔡依彣
責任編輯／方沛晶
特約校對／陳益郎

天下雜誌群創辦人／殷允芃
天下雜誌董事長／吳迎春
出版部總編輯／吳韻儀
出　版　者／天下雜誌股份有限公司
地　　　址／台北市 104 南京東路二段 139 號 11 樓
讀者服務／（02）2662-0332　傳真／（02）2662-6048
天下雜誌 GROUP 網址／http://www.cw.com.tw
劃撥帳號／01895001 天下雜誌股份有限公司
法律顧問／台英國際商務法律事務所・羅明通律師
製版印刷／中原造像股份有限公司
總　經　銷／大和圖書有限公司　電話／（02）8990-2588
出版日期／2024 年 11 月 1 日第一版第一次印行
　　　　　2025 年 4 月 11 日第一版第三次印行
定　　價／630 元

All rights reserved.

書號：BCCF0565P
ISBN：978-626-7468-62-3（平裝）

直營門市書香花園　地址／台北市建國北路二段 6 巷 11 號　電話／（02）2506-1635
天下網路書店 shop.cwbook.com.tw　電話／（02）2662-0332　傳真／（02）2662-6048
本書如有缺頁、破損、裝訂錯誤，請寄回本公司調換

天下 雜誌出版
CommonWealth
Mag. Publishing